Economía circular
-salvando el planeta-

Alexander Rosacruz

Editorial Anuket

Índice:

Capítulo 1
La cultura del consumo

La cultura del consumo se ha convertido en una parte integral de nuestra sociedad moderna. Desde la publicidad constante hasta la disponibilidad de productos en línea, somos bombardeados constantemente con mensajes que nos impulsan a comprar más cosas.

Pero, ¿qué es la cultura del consumo exactamente? Es una mentalidad que promueve el consumo excesivo de bienes y servicios como forma de satisfacer nuestras necesidades y deseos. Se basa en la idea de que la felicidad y el éxito se pueden encontrar en la acumulación de cosas materiales.

Esta cultura del consumo ha sido impulsada en gran parte por la publicidad. Los anunciantes han aprendido a apelar a nuestras emociones y necesidades, convenciéndonos de que necesitamos productos para ser felices, populares y exitosos. Además, la facilidad con la que podemos comprar en línea ha observado la comodidad del consumo y ha reducido los obstáculos para comprar.

Sin embargo, esta cultura del consumo tiene consecuencias negativas. Por un lado, puede llevar a cabo una sobreproducción y sobreconsumo, lo que a su vez puede tener un impacto ambiental significativo. Además, puede contribuir a la insatisfacción personal, ya que la felicidad y el éxito no se basan en la cantidad de cosas que poseemos.

Para superar la cultura del consumo, debemos comenzar a cambiar nuestra mentalidad y cuestionar nuestras necesidades y deseos. DEBEMOS aprender a diferenciar entre lo que necesitamos y lo que queremos, y ser más conscientes de nuestras elecciones de compra. También debemos considerar el impacto ambiental de nuestras compras y buscar alternativas más sostenibles.

Por otra parte, debemos apoyar a las empresas que tienen prácticas más sostenibles y éticas. Podemos hacer esto investigando las empresas y marcas que compramos y eligiendo aquellas que se preocupan por el medio ambiente y la sociedad. Al elegir empresas responsables, podemos enviar un mensaje de que la cultura del consumo no es necesaria para tener éxito y felicidad.

"El cambio climático es el síntoma, la cultura de consumo es la enfermedad" (Atkins).

Durante el último siglo, la cultura del consumo ha tenido un efecto muy dañino sobre el medio ambiente. La cultura de consumo, la compra o venta de bienes impulsada por normas sociales, es responsable del 10% de las emisiones globales de gases de efecto invernadero. En los deportes, por ejemplo, es donde vemos que se afianza la cultura del consumo, ya que esta industria ha comenzado a centrarse en el consumo en lugar del deporte en sí. Como todos sabemos, el cambio climático ha sido un tema candente en nuestra sociedad durante muchos años, pero debemos actuar ahora para evitar consecuencias irreversibles.

¡La cultura de consumo es mala para el medio ambiente!

¿Cómo se lleva adelante la cultura de consumo?

La cultura de consumo es el gasto del dinero de las personas en bienes materiales para lograr un mejor estilo de vida en una sociedad capitalista. Este modo de vida comenzó en la década de 1920 con el auge de los tabloides, las revistas y la radio. Desde aquella época, el consumo de bienes ha crecido exponencialmente y lo que antes era un lujo ahora se considera una necesidad. Los anunciantes de hoy tienen como objetivo crear valor en el producto presentándolos de una manera que los haga más deseables para los consumidores, sin importarles mucho sus beneficios reales, o si la publicad tiene algún "engaño"; "Mentiritas blancas" ... como las llaman.

En la sociedad en la que vivimos, el mensaje de que "eres lo que tienes" es prominente y "cuanto más tengas, más feliz serás" es ciertamente destructivo para la autoestima, la confianza y la felicidad en general.

El consumo en nuestra sociedad es un proceso social. "Comprar más significa obtener un estatus social más alto". La ideología detrás de esto es legitimar el capitalismo en nuestra vida diaria y alentar a las personas a convertirse en grandes consumidores. Cuantos más consumidores, más dinero ganan estas empresas. Vivimos en una era de producción en masa donde existe la expectativa de que todo lo que queremos siempre estará disponible. Debido a que todos estos productos son tan fáciles de comprar, los damos por sentado y no nos damos cuenta de las consecuencias de todas nuestras compras. Compramos más cosas de las que necesitamos porque queremos encajar. Aspiramos a un alto estatus social y haremos todo lo que esté a nuestro alcance para lograrlo.

La cultura del consumo en nuestra sociedad

La cultura del descarte es un término que se utiliza para describir el consumo y la producción excesiva de artículos desechables temporales. Esto se debe a que cuando las empresas fabrican productos que tienen una vida útil deliberadamente más corta, es más probable que los consumidores los vuelvan a comprar. La teoría detrás de esto se llama "obsolescencia programada" y puede explicar por qué los productos no duran tanto.

El primer ejemplo de envejecimiento es una bombilla. En la década de 1920, las bombillas duraban casi 2500 horas, en comparación con las 1000 horas actuales. Las empresas que producen bombillas de luz acortan deliberadamente su vida. Las empresas producen deliberadamente productos menos duraderos para obtener más ganancias. El problema es su impacto negativo en el medio ambiente. Los desechos tóxicos se acumulan constantemente en nuestro planeta y no hay adónde ir.

Otra tendencia que vemos en la sociedad que conduce a la sobreproducción es la moda rápida.

El término "Moda rápida" es el que se utiliza para describir el modelo comercial altamente rentable de producir copias baratas de las últimas tendencias de la moda. La producción de ropa se ha duplicado desde el año 2000. La mayoría de nosotros tendemos a comprar ropa barata que está de moda en un momento determinado pero que no dura. La moda rápida es el segundo mayor contaminador del mundo después de la industria petrolera. Las aguas residuales tóxicas de las fábricas textiles se descargan directamente en los ríos, lo que afecta negativamente la vida acuática y las comunidades cercanas a la fuente de agua.

Cultura de consumo deportivo

Si nos fijamos en la cultura de consumo en el deporte, vemos que el marketing y los bienes de consumo juegan un papel cada vez más importante. Los Juegos Olímpicos son un ejemplo de una de las plataformas de marketing más efectivas del mundo. La creciente comercialización de los juegos ha llevado a los críticos a decir que los juegos tienen menos que ver con el deporte que con la producción de riqueza y el consumo. El aumento de la comercialización y el consumismo global provocado por el movimiento olímpico solo aumentará el consumo y, por lo tanto, los riesgos ambientales potenciales. A lo largo de los años, el COI claramente ha prestado más atención a los patrocinadores que a los propios atletas.

Otro ejemplo de cultura de consumo en los deportes es la cantidad de veces que cambian los logotipos de los equipos deportivos profesionales. Después de cada final, crean camisetas nuevas para el equipo y los fanáticos. Esto lleva a que se produzca cada vez más ropa. Estamos constantemente comprando y produciendo sin entender las consecuencias que puede tener en nuestro medio ambiente. Como se puede ver rápidamente, este tipo de producción tiene efectos perjudiciales sobre los suministros de agua y los ecosistemas acuáticos.

¿Cómo afecta la cultura de consumo al medio ambiente?

El consumo tiene una relación directa con el cambio climático, ya que la producción y el consumo excesivo de bienes y servicios contribuyen significativamente a las emisiones de gases de efecto invernadero. Estos gases son los responsables del calentamiento global y el cambio climático que estamos experimentando actualmente.

El proceso de producción de bienes y servicios requiere energía, y gran parte de esta energía proviene de combustibles fósiles como el petróleo, el gas y el carbón. La quema de estos combustibles libera grandes cantidades de dióxido de carbono y otros gases a la atmósfera, lo que contribuye al cambio climático.

Además, el transporte de los productos también tiene un impacto ambiental significativo, ya que los camiones, barcos y aviones que se utilizan para transportarlos emiten grandes cantidades de gases de efecto invernadero.

Por otro lado, el consumo excesivo también genera una gran cantidad de residuos que pueden ser muy contaminantes. Los productos que consumimos a menudo se desechan después de un corto período de tiempo y terminan en vertederos o incineradoras, lo que puede liberar contaminantes al medio ambiente.

William Rees, de la Universidad de British Columbia, informó que consumimos un 30 % más de materiales de los que los recursos del mundo pueden consumir de manera sostenible (Scientific American, 2011). Aunque esto siempre ha sido un problema, las consecuencias de nuestro pasado nos están alcanzando rápidamente. Desde la década de 1920, la cantidad de desechos humanos ha aumentado casi un 10 mil por ciento. Este aumento en el desperdicio coincide con la línea de tiempo exacta donde vemos el comienzo de la cultura del consumo. Hay muchas razones para tales estadísticas. Si continuamos en nuestro camino actual, no alcanzaremos los objetivos de reducción de emisiones necesarios para mantener el calentamiento global por encima de 1,5 grados centígrados. Esa es la temperatura necesaria para mantener un planeta habitable, dicen los científicos. Esto requerirá un cambio en nuestra sociedad, y ese cambio debe llegar rápidamente. Las emisiones basadas en el consumo deben reducirse en un 50% para 2030 si queremos hacer todo lo posible para frenar el calentamiento global. El cambio social es la única forma en que podemos consumir menos. Esto solo puede suceder con la conciencia y la voluntad de hacer cambios.

Iniciativas de cambio

En respuesta a este problema creciente, hay varias iniciativas para el cambio. Un ejemplo de esto es el Reino Unido, donde existe el movimiento Right to Repair. Este movimiento busca reducir la cultura del descarte presente. Se están desarrollando nuevas reglamentaciones para garantizar que los productos se diseñen y fabriquen para durar, o para repararlos si se dañan o funcionan mal. Esto incluirá la regulación de artículos cotidianos como teléfonos, textiles, productos electrónicos y baterías. Esta iniciativa es muy importante y debe implementarse a nivel mundial para reducir la obsolescencia de los productos.

Otra tendencia observada fue el aumento en el número de consumidores que participan en los "No Buy Days" (realizados anualmente el sábado posterior al Black Friday). El propósito de este día es alentar al mundo a cambiar sus hábitos de compra y consumir y producir menos. Se necesita más atención de los medios para crear conciencia e involucrar a más personas en las actividades en curso. Nuestra sociedad capitalista se nutre de la cultura del consumo; "cuanto más compres, más dinero gana la empresa". Estas empresas no quieren que compres menos ropa o productos porque no quieren perder ganancias.

Tiene que haber un nuevo modelo de consumo, que no esté centrado en la sostenibilidad de los productos, sino en reducir la cantidad de cosas que se compran y se producen. Debe entenderse que el crecimiento infinito es incompatible con un planeta finito. Necesitamos un nuevo enfoque basado en productos que duren más y se reciclen tanto como sea posible.

Para reducir nuestra contribución al cambio climático, es importante modificar nuestro hábito de compras de bienes y servicios necesarios y optar por alternativas más sostenibles. Esto puede incluir comprar productos locales y de temporada, elegir productos con materiales y procesos de producción sostenibles, y reducir nuestra dependencia del transporte individual. Además, podemos reducir la cantidad de residuos que generamos al reciclar y compostar nuestros desechos y elegir productos duraderos y reutilizables.

Capítulo 2
Historia del procesamiento

El procesamiento o reciclaje es una práctica que ha existido durante siglos, aunque en sus inicios se centraba principalmente en el reciclaje de materiales orgánicos. Por ejemplo, en la Edad Media, se utilizaban los residuos de animales para fertilizar los cultivos, y en la antigua Roma, los vidrios rotos se fundían y se reutilizaban para hacer nuevos objetos.

Sin embargo, el reciclaje moderno tal como lo conocemos hoy en día comenzó en la década de 1970, en respuesta a la creciente preocupación por la gestión de residuos y el impacto ambiental. El término "reciclaje" comenzó a utilizarse comúnmente en esa época para describir la práctica de reutilizar materiales para reducir la cantidad de residuos que se enviaban a los vertederos.

Durante la década de 1980, se desarrollaron programas de reciclaje en todo el mundo para fomentar la reducción de residuos y la conservación de recursos naturales. En muchos países, se implementaron programas de recolección selectiva que permitían a los ciudadanos separar sus residuos en diferentes categorías, como papel, plástico, vidrio y metal. Estos materiales se recogían y se transportaban a plantas de reciclaje donde se procesaban para su reutilización.

Pero vayamos por más detalles para compren esta evolución:

500 aC

El primer proyecto de vertedero municipal en el mundo occidental tuvo lugar en Atenas. La legislación local exigía que los residuos se eliminaran al menos a un kilómetro de la muralla de la ciudad.

Siglo IX

El uso de papel reciclado se registró por primera vez en Japón en el siglo IX. Los antiguos japoneses comenzaron a reciclar papel casi tan pronto como aprendieron a fabricarlo, y el reciclaje se convirtió en parte de la producción y el consumo de ese insumo.

El papel reciclado generalmente se considera más valioso que el papel nuevo en la cultura japonesa, y el papel reciclado se usa a menudo en pinturas y poesía. En 1690, la restauración del papel llegó al Nuevo Mundo. Se abre Rittenhouse Mill en Filadelfia para comenzar a procesar lino y algodón. El papel hecho con estos materiales se vendía a imprentas y se usaba para hacer biblias y periódicos.

1776

Cuando Estados Unidos declaró su independencia de Gran Bretaña, los rebeldes recurrieron al reciclaje para proporcionar materiales para la Guerra Revolucionaria.

1865

El Ejército de Salvación se fundó en Londres, Inglaterra, para recolectar, clasificar y reciclar artículos no deseados. Los desguaces locales empleaban a personas pobres y no calificadas para reciclar los materiales de desecho. La organización y sus programas migraron a los Estados Unidos en la década de 1890.

1897
Se estableció una instalación de reciclaje de materiales en Nueva York donde los desechos se clasificaban en "puntos de recolección" y se separaban según su composición: papel, metal y alfombras para su reutilización y reciclaje.

1904
Las primeras plantas de reciclaje de latas de aluminio en los Estados Unidos abren en Chicago y Cleveland.

1930
Mucha gente sobrevivió a la depresión vendiendo chatarra, trapos y otras cosas.

1945
Segunda Guerra Mundial: El mundo en guerra requiere grandes cantidades de estaño, caucho, acero, papel, nailon, etc. Las personas se reúnen para reciclar los materiales para la maquinaria militar y para ahorrar dinero y apoyar el esfuerzo de guerra.

1970
Surgen hitos importantes:
• Se promueve la conciencia pública para los esfuerzos de conservación a través de iniciativas respaldadas por los gobiernos para poner mayor énfasis en el movimiento verde.
• El Día de la Tierra se celebró por primera vez el 22 de abril de 1970, para llamar la atención sobre el creciente problema de los residuos y la importancia del reciclaje. Fue creado por el senador estadounidense

Gaylord Nelson y el empresario global John McConnell. Hoy, más de 192 países apoyan el Día de la Tierra.

• Aparece el símbolo de reciclaje: el anillo de Möbius. Esto demuestra que los materiales utilizados en la producción del producto pueden reciclarse. Su diseño es obra de Gary Anderson, estudiante de la Universidad de California, quien en 1970 mostró una adaptación del símbolo matemático de Möbius (en forma de triángulo) para su uso en un concurso de una empresa de contenedores (ganó el concurso).

• En 1971 el gobierno canadiense estableció el Departamento de Medio Ambiente, comúnmente conocido como Medio Ambiente de Canadá.

• El primer contenedor de reciclaje en la acera se usa en Missouri para la recolección de papel en 1974.

• Para fines de la década, aproximadamente 220 programas de recolección en la acera están en marcha en los EE. UU., de los cuales 60 son de recolección de materiales múltiples.

1980

• En 1983, en Kitchener, Ontario, Canadá, se introdujo el sistema de reciclaje de caja azul como un método eficiente para clasificar y recolectar los desechos domésticos. El sistema de papelera azul permite al público reciclar fácilmente plástico, papel, vidrio, aluminio, acero y otros materiales. Fue adoptado y modificado en todo el mundo y todavía se usa en la actualidad.

• En 1987, una barcaza de basura llamada The Mobro navegó de un lado a otro de la costa este de EE. UU buscando un lugar para descargar. Desencadenó un debate público sobre la gestión de residuos y sirvió como catalizador para el creciente movimiento de reciclaje en los Estados Unidos.

• Ese mismo año, Nueva Jersey aprobó la primera ley universal de reciclaje obligatorio en los Estados Unidos, que requiere que todos los residentes separen los materiales reciclables de su basura.
• En 1985, la tasa nacional de reciclaje de EE. UU era del 10%.

1990

• La primera prohibición de tirar materiales reciclables entró en vigor en Wisconsin en 1993. Inicialmente prohibió los desechos de jardín en los vertederos. Posteriormente, en 1995, también se prohibieron otros artículos como llantas, envases de aluminio, cartón corrugado, espuma de polietileno, envases de plástico y periódicos.
• Alemania hizo historia en 1991 al aprobar una ley que transfirió la responsabilidad de todo el ciclo de vida de los envases a los fabricantes. • En 1995, la tasa nacional de reciclaje de EE. UU era del 20 %, en 1985 era el doble que 10 años antes y solo 3 años después, en 1998, superaba el 30 %.
• En 1996, la tasa de reciclaje de EE. UU. era del 25 %, la EPA (Agencia de Protección Ambiental de EE. UU.) fijó una nueva meta del 35 %. Al mismo tiempo, también se vende la primera máquina clasificadora de residuos en Alemania.

2000 hasta ahora

• La EPA confirma el vínculo entre el calentamiento global y los desechos y muestra que reducir y reciclar los desechos reduce las emisiones de gases de efecto invernadero.
• A principios de la década de 2000, se comenzó a recolectar desechos orgánicos en la acera en la Costa Oeste (San Francisco).

• En 2007, Dell Computer comenzó a ofrecer reciclaje gratuito de sus productos sin compras adicionales, promoviendo así el movimiento de reciclaje de desechos electrónicos. Cinco estados han aprobado leyes que exigen el reciclaje de productos electrónicos no deseados. San Francisco se convierte en la primera ciudad de los Estados Unidos. Estados Unidos ha prohibido la distribución de bolsas de plástico en las tiendas de comestibles.

• En 2012, McDonald's finalmente reemplazó los vasos de espuma de polietileno por vasos de papel.

• Gracias a la rápida industrialización del país en las últimas décadas, China ha sido el mayor importador de materiales reciclables, procesando casi la mitad del volumen mundial y comprando y reciclando materiales usados a un ritmo acelerado. Pero en enero de 2018, en un esfuerzo por frenar el creciente problema de contaminación del país, China aprobó una ley conocida como la "espada del estado" que detuvo por sí sola la importación de muchos materiales reciclables, en su mayoría desechos plásticos. Por ello, los EE. UU. y muchos otros países industrializados, como el Reino Unido y Australia, se han visto muy afectados porque no tienen los recursos para hacer frente a la acumulación de materiales reciclables. Los eventos que rodearon la prohibición china han resaltado la necesidad de un proceso de reciclaje ampliado y eficiente, así como de que los fabricantes produzcan productos que sean más fáciles de procesar.

Desde entonces, la industria del reciclaje ha experimentado un gran crecimiento. Se han desarrollado nuevas tecnologías para el procesamiento de materiales y se han establecido normas y regulaciones para garantizar la calidad y la seguridad de los materiales reciclados. Además, se ha producido una mayor conciencia sobre la importancia del reciclaje y su papel en la conservación de los recursos naturales y la reducción del impacto ambiental.

En la actualidad, el reciclaje es una parte integral de la gestión de residuos en muchos países, y se espera que su importancia siga aumentando en los próximos años. A medida que la población mundial continúa creciendo y la demanda de recursos naturales aumenta, el reciclaje se convierte en una forma cada vez más importante de conservar los recursos y proteger el medio ambiente.

Aunque esta es una lista corta, se puede ver cuán lejos ha llegado el reciclaje y se ha vuelto más accesible y generalizado con el tiempo.

La conciencia pública sobre el impacto humano en el planeta y las crecientes preocupaciones sobre el cambio climático han aumentado rápidamente durante la última década y ahora son temas candentes en todo el mundo. Facebook, Twitter, Instagram, la investigación académica y los medios de comunicación han ayudado a ampliar el alcance del desarrollo sostenible y transmitir el mensaje de que nosotros, como seres humanos, necesitamos cambiar la forma en que vivimos.

La aparición de "influencers sostenibles" como Greta Thunberg, Stella McCartney y Mark Ruffalo han llevado la conversación a un nuevo nivel. Eventos globales como la Huelga por el Clima, la Cumbre de Sostenibilidad de The Economist y la Mesa Redonda

Empresarial destacan el papel de las empresas en las negociaciones climáticas. Los funcionarios electos también han visto el impacto, ya que las peticiones en línea y los canales de las redes sociales se han convertido en una parte integral de muchas expresiones de los votantes. A medida que los ciudadanos se vuelven más conscientes de su impacto en el planeta, presionan a los legisladores de su ciudad y estado para que establezcan estándares más estrictos para la reutilización y el reciclaje. Hoy en día, están surgiendo nuevas tecnologías convincentes para ayudar a las personas, las empresas y los procesadores a gestionar mejor la sostenibilidad. Una gran cantidad de consumidores están tomando medidas reales para abordar los problemas ambientales globales a través de cambios personales que son evidentes en el mercado actual.

Sostenibilidad del empleador

Tampoco se trata solo de productos: las personas se preocupan profundamente por la sostenibilidad corporativa de sus empleadores. En una encuesta reciente, casi el 40% de los millennials han elegido un trabajo debido a la misión de sostenibilidad de una empresa.

El 50 % de los empleados estadounidenses han afirmado que estaban dispuestos a aceptar salarios más bajos para trabajar en una empresa ambientalmente responsable. La sostenibilidad y la responsabilidad corporativa son fundamentales para atraer y retener nuevos talentos. Casi el 60% de los empleados cree que la sostenibilidad corporativa es un requisito ético.

Según el Foro Económico Mundial, los científicos predicen que, si no cambiamos nuestros hábitos de consumo de plástico, para 2050 habrá más desechos plásticos que peces en el océano, lo cual es un gran problema. Las empresas (no solo los fabricantes) tienen un gran impacto en el medio ambiente, por lo que las empresas de hoy deben ser más proactivas sobre la sostenibilidad y cómo se cruza con su negocio. Ya se trate de la adquisición de materiales, la prestación de servicios o la gestión de residuos y reciclaje, la sostenibilidad es esencial, no una ocurrencia tardía.

Afortunadamente, la investigación y la tecnología existen para ayudar a hacer realidad un negocio más responsable con el medio ambiente. Y los beneficios van más allá del medio ambiente: los clientes estarán más contentos, los empleados estarán más comprometidos y la organización experimentará un crecimiento más sólido y sostenible.

Capítulo 3
Definiendo la economía circular

Vivimos en una sociedad desechable que ejerce una gran presión sobre el medio ambiente. El reciclaje extensivo reduce significativamente la cantidad de desechos que terminan en los vertederos. Según la Agencia de Protección Ambiental (EPA), las emisiones tóxicas cayeron del 94 por ciento en 1960 al 52 por ciento del total en 2017. Pero el reciclaje por sí solo no es rival para la gran cantidad de envases, alimentos, productos y todo lo demás que se crea y luego se desecha rápidamente. Este modelo es indudablemente insostenible. La respuesta puede ser un cambio a un tipo completamente diferente de economía global.

¿Qué es la economía circular? La economía circular es un modelo sostenible de producción y consumo. Usa, reutiliza, repara, restaura, comparte y finalmente recicla. Esto asegura que se obtenga el máximo valor de los artículos con el mínimo impacto y desperdicio.

Para la producción de alimentos, el modelo regenerativo visto en la naturaleza es ideal. Los residuos no se desperdician porque se convierten en parte integral de otro ciclo de vida.

Por ejemplo, los árboles frutales crecen en la naturaleza y producen alimentos. Los animales y otras formas de vida comen de los árboles. Cualquier fruta no consumida se descompone para fertilizar el suelo, fomentando un nuevo crecimiento. El mundo natural es cíclico, y la vida y la descomposición de las plantas (y todo) es un sistema autónomo que se refuerza a sí mismo.

En resumen, la economía circular propuesta por los humanos emulará esto. Los principios básicos se pueden aplicar a varias industrias específicas, como la industria de la moda, donde cada prenda se diseña teniendo en cuenta el uso futuro y la posible reutilización.

La economía circular es lo opuesto a nuestra actual economía lineal: que "Crea artículos, se los usa y se los desecha rápidamente", conduciendo a una escasez de materias primas, emisiones tóxicas, grandes cantidades de desechos y la contaminación ambiental relacionada. Los modelos lineales tienen un impacto desproporcionado en el medio ambiente, exacerban la escasez de recursos y la desigualdad social y económica en todo el mundo. La economía circular difiere del proceso de producción lineal que aún prevalece en la actualidad, ya que es un enfoque holístico que tiene en cuenta todo el ciclo: desde la extracción de materias primas hasta el desarrollo, la producción y la distribución del producto, hasta la fase de uso más larga posible y el reciclaje. Para mantener los productos y materiales en este ciclo, todas las partes interesadas deben repensar el paradigma actual y cambiarlo de tono.

La sostenibilidad requiere cambios disruptivos en la forma en que organizamos nuestras sociedades y negocios. Los modelos de economía circular (EC) abren nuevas oportunidades para la innovación y la integración entre los ecosistemas naturales, las empresas, nuestra vida cotidiana y la gestión de residuos.

Según el Programa de Acción de Residuos y Recursos (WRAP), una organización benéfica del Reino Unido que apoya una transición generalizada hacia una economía circular, el modelo ideal requiere que extraigamos el máximo valor de cada artículo.

Una vez finalizada su vida útil, se puede recuperar y reutilizar en la medida de lo posible. En resumen: la economía circular es un circuito circular cerrado de rendimientos decrecientes. El cambio a este modelo reduce el desperdicio, aumenta la productividad de los recursos y hace frente mejor a la escasez de materias primas. También puede ayudar a reducir el impacto ambiental de la propia producción. La Fundación Ellen MacArthur, que también apoya la economía circular, explicó que la eficiencia de los sistemas de vida natural se basa en ciclos de vida circulares.

"La economía lineal del país, basada en la extracción de materiales de la tierra para producir productos que luego son descartados y reemplazados por otros productos, ha sostenido niveles de crecimiento económico sin precedentes en los últimos siete años. Pero sus limitaciones son cada vez más claras. "

La evolución de la terminología a lo largo del tiempo

En los últimos años, el concepto ha ganado popularidad y reconocimiento, aunque todavía no tiene parámetros definidos para identificar y comparar empresas (el llamado "indicador de economía circular" desarrollado por muchos organismos certificados).

Para rastrear de dónde proviene el concepto de economía circular, es necesario estudiar y volver al término general "ecología", introducido por el biólogo alemán Ernst Haeckel, y luego encontrar un punto de referencia más preciso en el desarrollo de la economía circular.

En 1966, el economista Kenneth Bolding desarrolló la idea de la Tierra como una nave espacial con sus propios recursos y eliminación de desechos en el libro "Spaceship Economics of the Next Earth". Las opciones son limitadas. En este artículo, Boulding afirma que la supervivencia de la especie humana está indisolublemente ligada a la capacidad de usar y cuidar los recursos que tenemos, los materiales que usamos todos los días. De una economía vaquera con espacio infinito a una economía de astronautas caracterizada por restricciones de accesibilidad. En 1971, Barry Commoner, un destacado científico medioambiental, describió los "bucles cerrados". Y en 1976, Walter R. Stahel y Geneviève Reday-Mulvey vinculan los aspectos científicos y económicos en su informe a la Comisión Europea "El potencial de la energía para reemplazar el trabajo".

El libro Cradle to Cradle de William McDonagh y Michael Braungart de 2002 marcó un paso fundamental en este campo: los autores combinaron procesos naturales con procesos industriales y, por lo tanto, marcaron un punto de inflexión en la base teórica de la economía.

¿Es el reciclaje parte de la economía circular?

El reciclaje es una parte importante del modelo de economía circular. Ahora es una necesidad común y ha dado lugar a cambios significativos en la cantidad de residuos que van a los vertederos.

Cuando los productos terminan, el reciclaje es una forma de garantizar que permanezcan en un ciclo cerrado. Pero esta no es una solución universal. El reciclaje es un último recurso ideal cuando no hay otras alternativas al reciclaje, la reparación y la actualización. Esto se debe a que el reciclaje sigue siendo relativamente ineficiente en comparación con la reparación y la reutilización. Utiliza energía, espacio, tiempo y otros recursos. Nuestro actual sistema de reciclaje destaca este problema. Aunque las opciones de eliminación son cada vez más comunes, la cantidad de envases y otros desechos producidos cada año sigue siendo asombrosa. La mayoría de ellos no se pueden reciclar.

Según la EPA, solo en los EE. UU. En 2018, Estados Unidos generó 292,4 millones de toneladas de residuos sólidos municipales.

El reciclaje tiene un papel que desempeñar en la economía circular, pero ese papel es mínimo. La innovación upstream (incluye todas las fases que tienen lugar desde la obtención de las materias primas hasta colocar el producto a la venta) es una prioridad. Es decir, prescindiendo de los residuos y la contaminación desde el principio. En lugar de tratar de lidiar con las consecuencias de un mal diseño al final de la vida a través del reciclaje".

Definición de economía circular

Una economía circular, tal como se define en la Ley Save Our Oceans 2.0, es una economía que utiliza un enfoque centrado en los sistemas e incluye procesos industriales y actividades económicas que son restauradores por diseño, lo que permite que los recursos utilizados en estos procesos y actividades puedan mantener su valor más alto durante el mayor tiempo posible, y apuntar a eliminar el desperdicio a través de un diseño superior de materiales, productos y sistemas (incluido el modelo comercial). Este es un cambio de paradigma para los recursos que se extraen, se convierten en productos y luego se convierten en desechos. Una economía circular reduce el uso de materiales, los transforma para que sean menos intensivos en recursos y reutiliza los "residuos" como recursos para producir nuevos materiales y productos.

En una economía lineal, los recursos naturales en bruto se capturan, se transforman en productos y luego se descartan. Por el contrario, los modelos de economía circular tienen como objetivo cerrar la brecha entre la producción y los ciclos de los ecosistemas naturales de los que en última instancia dependen los seres humanos.

Esto significa, por un lado, eliminación de residuos - compostaje de residuos biodegradables - o, si se tratan de residuos no biodegradables, se procede a su reciclaje. Por otro lado, también significa reducir el uso de productos químicos (una forma de ayudar a que los sistemas naturales se regeneren) e invertir en energías renovables.

2020 fue el año de la economía circular, un modelo que gana terreno en los países de la UE y se apuesta por poner en marcha un nuevo programa de medidas temporales para proteger el planeta de todos los residuos que encuentra. Los ahogamientos son causados por diversos factores como el crecimiento de la población, la falta de materias primas y el desarrollo de los procesos productivos.

Palabras clave para entender la economía circular:

• **Reducir**: es la base del concepto de circularidad, que pretende reducir el consumo de materias primas, diseñando productos con obsolescencia a largo plazo y mantenimiento sencillo, con menores costos.
• **Reutilizar**: la reutilización de materias primas es el primer gran ciclo de vida de los productos, para no perder esa energía gastada en generar ese producto.
• **Reciclaje:** último paso para recuperar el material.

La Economía Circular, definida como la cuarta revolución industrial junto con la Industria 4.0, aporta cinco principios fundamentales para la definición de una nueva economía regenerativa:

• Producto como servicio.
• materiales sostenibles e innovadores
• Compartir la propiedad (economía colaborativa)
• Regeneración del producto
• Mayor vida útil del producto.

Definición del Foro Económico Mundial de economía circular

"Una economía circular es un sistema industrial que es restaurativo o regenerativo por intención y diseño. Reemplaza el concepto de fin de vida por restauración, se desplaza hacia el uso de energías renovables, elimina el uso de productos químicos tóxicos, que dificultan la reutilización y el retorno a la biosfera, y apunta a la eliminación de desechos a través del diseño superior de materiales, productos, sistemas y modelos de negocio"

Fundación Ellen MacArthur

En 2009 se creó una de las instituciones de referencia más autorizadas e independientes en este campo: la Fundación Ellen MacArthur. La Fundación está presidida por la gran Ellen Patricia MacArthur (una ex marinera británica de Whatstandwell, Derbyshire que batió el récord mundial de circunnavegación el 7 de febrero de 2005). Tras su jubilación el 2 de septiembre de 2010, anunció la creación de la Fundación Ellen MacArthur, que trabaja para acelerar la transición hacia una economía circular, e inmediatamente comenzó a producir informes y análisis cada vez más extensos y estructurados sobre el tema.

La economía circular construida se define como un modelo basado en la regeneración de materiales, como en los procesos naturales. Las principales empresas mundiales se han sumado al objetivo del fondo como parte del proyecto CE100, y el famoso grupo bancario italiano Intesa San Paolo comprometió recientemente 5mil millones de euros en financiación para incluir la economía circular en sus criterios de RSE.

Modelos de negocio en la era de la economía circular

Los modelos comerciales circulares son la clave para la longevidad de muchas empresas locales e internacionales. Comienza con categorías generales, describe las actividades que debe realizar la empresa, las comunica adecuadamente al público y luego dirige la atención a aspectos más específicos según las actividades y procesos realizados por la empresa. personalmente:

• Producto como servicio, beneficiándose así de lo que el objeto puede hacer por sí solo.
• Cadenas productivas regenerativas y circulares. La verdadera refabricación tiene lugar en instalaciones de reciclaje de materiales.
• Upcycling: reciclaje de nuevos materiales que añaden valor a los residuos de producción sin pérdida de energía.
• Campañas de extensión de vida con mayor vida útil y precios más altos.

Estos son algunos ejemplos de la economía circular:

• 	Producir tejidos con los residuos del procesamiento de naranjas.

• Construcción de una planta de biogás a partir de los propios residuos de producción agroalimentaria.
• Reciclar neumáticos usados mediante el uso de microondas.
• Reutilización en la que las materias primas proceden de la devolución de muebles o ropa usadas.
• Reciclar plástico para hacer nuevos materiales.

¿Por qué economía circular?

El cambio climático, la pérdida de biodiversidad, la escasez de materias primas y el crecimiento de la población mundial requieren una transformación de nuestro sistema económico global. Esta transición debe buscar integrar agendas ecológicas, económicas y sociales para asegurar el desarrollo sostenible. La economía circular hace una importante contribución en este ámbito.

Nuestro sistema económico lineal, que opera en un flujo continuo de tomar-hacer-desperdiciar, está chocando con los límites de nuestro planeta. La extracción y el procesamiento de recursos son responsables de más del 90 % de la pérdida de biodiversidad mundial y de más de la mitad de las emisiones de gases de efecto invernadero. Además, el cambio climático y la pérdida de biodiversidad se consideran indicadores importantes de la salud de nuestro planeta; ambos ya están en peligro de extinción. Estos desafíos, fundamentales para la existencia humana, nos obligan a encontrar nuevas formas de producción y consumo respetando los límites ecológicos de nuestro planeta.

Principios de la economía circular: la energía y los recursos son oro

En esencia, los modelos de economía circular tienen como objetivo eliminar el desperdicio del diseño. De hecho, la base de la economía circular es que no existen los residuos. Para lograrlo, los productos son duraderos (utilizando materiales de alta calidad) y optimizados para los ciclos de desmontaje y reciclaje, lo que facilitará su eliminación y conversión o renovación.

En última instancia, estos ciclos de productos económicos distinguen el modelo de economía circular de la eliminación y el reciclaje, que desperdician energía y mano de obra inherentes considerables. El objetivo final es conservar y mejorar el capital natural mediante el control de existencias finitas y el equilibrio del flujo de recursos renovables.

Principios de la economía circular: siguiendo los ciclos de la naturaleza y el diseño

Los modelos de economía circular distinguen entre ciclos técnicos y biológicos. El consumo se produce únicamente en ciclos biológicos utilizando materiales biológicos como alimentos, lino o corcho destinados a ser devueltos al sistema mediante procesos como la digestión anaerobia y el compostaje.

Estos ciclos regeneran sistemas vivos, como el suelo o los océanos, que proporcionan recursos renovables para la economía. A su vez, los ciclos técnicos recuperan y restauran productos (p. ej., lavadoras), componentes (p. ej., placas base) y materiales (p. ej., piedra caliza) a través de estrategias como la reutilización, la reparación, la remanufactura o el reciclaje.

En última instancia, uno de los propósitos de la economía circular es optimizar el rendimiento de los recursos mediante la circulación de productos, componentes y materiales en uso con la máxima utilidad en todo momento, tanto en ciclos técnicos como biológicos.

Principios de la economía circular: usar energías renovables para todo

El último principio de la economía circular está relacionado con la energía requerida para operar los ciclos, que es de naturaleza renovable, para reducir la dependencia de los recursos y aumentar la resiliencia del sistema. En este sentido, el principio se trata de desarrollar la eficiencia del sistema mediante la detección y eliminación de externalidades negativas.

Economía circular Europa

Nunca antes ha habido necesidad de hablar de otras cosas que, en los últimos años, precisamente porque el actual modelo económico productivo ya está saturado y será reemplazado. La Comisión Europea ha estado trabajando en esto desde 2015, aprobando un conjunto de reglas de economía circular, que establece que los estados miembros deben reciclar al menos el 70 % de los residuos domésticos y el 80 % de los residuos de envases, además de prohibir la eliminación de residuos biodegradables y reciclables en vertederos. Las regulaciones entrarán en vigor en 2030 y actualmente están siendo consideradas por el Parlamento Europeo. Los eurodiputados tendrán que encontrar un equilibrio sobre los conceptos de "residuo" y "reciclado" y armonizar un sistema que incluya a países como Alemania y Austria, que ya reciclan el 66% de los residuos, pero también a la República Checa que no llega al 30%.

La economía circular es una economía que protege el medio ambiente y permite ahorrar en costes de producción y gestión, produciendo beneficios. Y en esto, Italia está en una excelente posición en el marco europeo. Del documento del Ministerio de Medio Ambiente y la protección del territorio y el mar "Hacia un modelo de economía circular para Italia" con respecto al sector de los residuos, la producción de urbanos y especiales es igual a 178 millones de toneladas. Por otro lado, con respecto a los procesos de reciclaje, el potencial para hacer que la economía italiana sea cada vez más circular es cada vez mayor. La Comisión Europea proporciona 580.000 puestos de trabajo, de los cuales 190.000 solo en Italia, con un ahorro anual de 72 000 millones de euros para las empresas europeas que adopten ese sistema.

¿Qué es el Plan de Acción de Economía Circular?

En 2015, la Unión Europea desarrolló su primer paquete de economía circular (EC), que incluye 54 acciones destinadas a facilitar la transición hacia una economía circular en Europa. El 11 de marzo de 2020 se elaboró el documento "Plan de Acción de Economía Circular" como parte del paquete de la CE.

El plan de acción de economía circular incluye todas las iniciativas que la UE ha decidido implementar a lo largo del ciclo de vida del producto: desde el diseño y el proceso de producción hasta la promoción del consumo sostenible. El Parlamento Europeo presenta un nuevo plan de acción de economía circular

El 11 de febrero de 2021 se aprobó la revisión del nuevo "Plan de Acción de Economía Circular" con 574 votos a favor. La actualización del documento fue posible porque la UE tenía un pensamiento unificado sobre la transición a una economía circular. Para el Parlamento Europeo, la economía circular es, de hecho, "el camino que la UE y las empresas deben tomar para seguir siendo innovadores y competitivos en el mercado global al tiempo que reducen su impacto ambiental".

La UE quiere centrarse específicamente en tres acciones:
• Consumo reducido.
• Mayor uso de materiales reciclados.
• Apoyar el crecimiento económico.

Hasta el momento, estos sectores han demostrado estar subdesarrollados, considerando, como afirma el

Parlamento Europeo, que solo el 12% de los materiales utilizados por los fabricantes de la UE provienen del reciclaje.

Además, la UE ha extendido este documento a los productos no energéticos a través de la nueva Directiva de Ecodiseño. Debe regular los productos comercializados que cumplan con estándares específicos de durabilidad, no toxicidad, reutilización y reparabilidad.

En el ámbito económico, las inversiones en la economía circular aumentarán el PIB europeo en un 0,5 % en 2030, creando aproximadamente 700.000 nuevos trabajadores verdes (trabajando en el sector verde), también según las previsiones del Parlamento Europeo.

Resumen

La economía circular es un modelo económico que busca reducir el desperdicio y maximizar el uso de los recursos naturales mediante la creación de un sistema de producción y consumo más sostenible. Se trata de un enfoque innovador que se basa en el principio de "cerrar el ciclo" de los materiales y los recursos, impidiendo la creación de residuos y maximizando su reutilización.

En la economía circular, los productos y materiales se diseñan desde el principio para ser reutilizables, reciclables o biodegradables. Los recursos se utilizan de manera más eficiente, reduciendo la necesidad de extraer nuevos materiales de la naturaleza y evitando la acumulación de residuos.

Un ejemplo de economía circular es el reciclaje de plásticos. En lugar de desechar los plásticos después de su uso, se pueden recolectar y procesar para crear nuevos productos, como envases, textiles y mobiliario. De esta manera, se evita la necesidad de extraer petróleo para crear nuevos plásticos y se reduce la cantidad de residuos que terminan en vertederos o en el medio ambiente.

Además del reciclaje, la economía circular también fomenta la reutilización y el uso compartido de productos y materiales. Por ejemplo, en lugar de comprar un nuevo electrodoméstico cada vez que se rompe, se puede reparar y reutilizar el que ya se tiene. También se pueden compartir herramientas y equipos entre varias personas o empresas para maximizar su uso y reducir la necesidad de comprar nuevos.

La economía circular no solo beneficia al medio ambiente, sino también a la economía y a la sociedad en general. Al reducir la cantidad de residuos y la necesidad de extraer nuevos recursos, se puede reducir el costo de producción y aumentar la eficiencia de los procesos productivos. Además, se pueden crear nuevas oportunidades de empleo y de innovación tecnológica en la creación de nuevos productos y servicios sostenibles.

En resumen, la economía circular es un enfoque innovador que busca crear un sistema económico más sostenible y reducir el impacto ambiental de la producción y el consumo. Al cerrar el ciclo de los materiales y los recursos, se puede crear una sociedad más equitativa, eficiente y sostenible para todos.

Capítulo 4
Ventajas y desafíos
economía circular

Indicadores de economía circular

Según el informe "No Time to Waste" publicado por Bank of America Merrill Lynch, la cantidad total de desechos en el mundo es de aproximadamente 11 mil millones de toneladas cada año, de los cuales el 75% se deposita en vertederos o se incinera, pero solo el 25% se reutiliza o es reciclado. Las estimaciones relevantes de la demanda de materias primas industriales entre ahora y 2030 sugieren que, para fines de la próxima década, la brecha entre la oferta y la demanda de productos básicos a granel será de alrededor de 8mil millones de toneladas, y para entonces habrá una proporción mayor. Según algunos estudios, se espera que alcance un pico de 29 mil millones de toneladas en 2050. Está claro que la adopción de sistemas de gestión y reciclaje de residuos está cobrando mucha importancia en todos los aspectos relacionados con el cambio climático.

Ventajas del modelo de economía circular

Desde la Revolución Industrial, los seres humanos han seguido un patrón lineal de producción y consumo. Las materias primas se transforman en productos que luego se venden, utilizan y transforman en desechos que a menudo se descartan y procesan sin pensar. En contraste, la economía circular es un modelo industrial que es regenerativo en intención y diseño, con el objetivo de mejorar la eficiencia de los recursos y abordar la inestabilidad que el cambio climático puede traer a los negocios. Tiene intereses operativos y estratégicos y combina un enorme potencial de creación de valor económico, comercial, ambiental y social.

Reducir las emisiones de gases de efecto invernadero

Uno de los objetivos de la economía circular es influir positivamente en el ecosistema del planeta y luchar contra el uso excesivo de los recursos naturales. La economía circular tiene el potencial de reducir las emisiones de gases de efecto invernadero y el uso de materias primas, optimizar la productividad agrícola y reducir las externalidades negativas de los modelos lineales.

Cuando se trata de reducir las emisiones de gases de efecto invernadero, la economía circular puede ayudar porque:

• Utiliza energía renovable, que a la larga es menos contaminante que los combustibles fósiles.
• Debido al reciclaje y la desmaterialización, se necesitan menos materiales y procesos de fabricación para garantizar productos funcionales y de alta calidad.

• Porque los residuos se consideran valiosos y se absorben en la medida de lo posible para ser reciclados en el proceso.

• Se elegirán los procesos de fabricación y reciclaje, ya que los materiales no tóxicos y de bajo consumo de energía serán la opción preferida. De hecho, un estudio de la Fundación Ellen MacArthur encontró que un camino de desarrollo de economía circular para 2030 podría reducir las emisiones de CO_2 a la mitad en comparación con los niveles de 2018.

Suelo sano y duradero

Los principios de la economía circular en los sistemas agrícolas aseguran que los nutrientes vitales se devuelvan al suelo a través de procesos anaeróbicos o compostaje, promoviendo el uso del suelo y los ecosistemas naturales. Cuando los "desechos" se devuelven a la tierra de esta manera, el suelo, además de tener menos desechos para desechar, se vuelve más saludable y resistente, lo que proporciona un mejor equilibrio en el ecosistema circundante. Además, con la degradación de la tierra que cuesta alrededor de $40 mil millones a nivel mundial cada año, y con costos ocultos como el aumento del uso de fertilizantes, la pérdida de biodiversidad y de paisajes únicos, la economía circular puede salvar tanto el suelo como la salud económica.

De hecho, según una investigación de la Fundación Ellen MacArthur, un modelo de economía circular aplicado al sistema alimentario europeo puede reducir

en un 80% el uso de fertilizantes artificiales,
contribuyendo así al equilibrio natural de la tierra.

Mayor potencial de crecimiento económico

Es importante desvincular el crecimiento económico
del consumo de recursos. Según un informe de
McKinsey, el aumento de los ingresos de las nuevas
actividades circulares, combinado con costos de
producción más bajos al proporcionar productos y
materiales más funcionales que se pueden desarmar y
reciclar fácilmente, puede aumentar el PIB y, por lo
tanto, aumentar el crecimiento económico.

Más ahorro de recursos: los beneficios económicos de la economía circular

Los modelos de economía circular tienen el potencial
de ahorrar incluso más materiales (hasta un 70 %) que
la extracción convencional de materias primas
mediante métodos lineales. Dado que la demanda
general de materiales aumentará debido al crecimiento
de la población mundial y de la clase media, la
economía circular se traduce en una reducción de la
demanda de materiales porque se salta los vertederos
y evita el reciclaje, centrándose en hacer que los
materiales duren más. Ambientalmente, también
previene más contaminación que la que crearía la
extracción de nuevos materiales.

Crecimiento laboral

Según el Foro Económico Mundial, el desarrollo de modelos de economía circular combinados con nuevas regulaciones (incluidos los impuestos) y la organización del mercado laboral podrían generar más empleo local en puestos de nivel inicial y semicalificados.

Además, el potencial de la economía circular en la creación de nuevos puestos de trabajo se resume en un informe financiero elaborado por expertos de varias grandes empresas de consultoría globales. Un estudio realizado en agosto de 2018 sobre el desarrollo de prácticas para la implementación de la economía circular llegó a la misma conclusión, indicando que se podrían crear 50 mil nuevos puestos de trabajo en el Reino Unido y 54 mil en los Países Bajos.

Otro estudio de la Fundación Ellen MacArthur y McKinsey también resumió los cambios en el crecimiento del empleo en el caso de una transición a un modelo de economía circular. El estudio muestra que estos nuevos puestos de trabajo se crearán aumentando:

• Prácticas de reelaboración y reparación que pueden agregar nuevos diseñadores e ingenieros mecánicos para hacer que los productos y materiales sean duraderos y fáciles de desmontar durante la fase de reconstrucción/fabricación.
• Crecimiento de nuevas empresas (y nichos de mercado) debido a procesos innovadores y nuevos modelos de negocio.

• Los precios más bajos conducen a un mayor gasto y consumo.

Nuevas formas de ganar dinero

Esto reduce los costos de inversión y, en algunos casos, crea flujos de ingresos completamente nuevos que pueden lograr las empresas que se mueven hacia un modelo de economía circular. En este espacio circular, pueden surgir oportunidades de ganancias a partir de la apertura de nuevos mercados, la reducción de costos, la reducción de desechos y energía, y la garantía de la continuidad del suministro.

Reducir la volatilidad y proteger el suministro

La transición a un modelo de economía circular pasa por reducir la cantidad de materias primas utilizadas. En su lugar, se utilizarán insumos más reutilizables (incluso reciclables o fácilmente convertibles), que representan un mayor porcentaje de los costos laborales, lo que hará que las empresas sean menos dependientes de las fluctuaciones de los precios de las materias primas. También protegerá a las empresas de las crisis geopolíticas y protegerá sus cadenas de suministro, ya que es cada vez más probable que las cadenas de suministro se vean interrumpidas o dañadas por el cambio climático. Finalmente, el modelo de economía circular hará que las empresas sean más resilientes, es decir, las hará más resistentes y estén mejor preparadas para cambios inesperados.

La demanda de nuevos servicios: los beneficios empresariales de la economía circular

Según un informe de la Fundación Ellen MacArthur, los modelos de economía circular pueden generar demanda de nuevos servicios y puestos de trabajo, como:

• Empresas de recogida y logística inversa que apoyen la reintroducción al sistema de productos fuera de uso.
• Plataformas de marketing y ventas de productos que ayudan a extender la vida útil del producto o aumentar su uso.
• Procesamiento de piezas y reacondicionamiento de productos con experiencia especial.

Estos nuevos servicios pueden ser identificados por los responsables de la toma de decisiones de la alta dirección o por los empleados de todos los niveles y departamentos en un entorno verde bien desarrollado.

Entender mejor a los clientes

Los modelos de economía circular parecen fomentar modelos de negocio en los que los clientes alquilan o arriendan productos por períodos diferentes según el tipo de producto. Esto permite a las empresas comprender los patrones de uso y los comportamientos de sus clientes a medida que interactúan con ellos con mayor frecuencia. En última instancia, estas nuevas relaciones pueden mejorar la satisfacción y la lealtad del cliente y ayudar a desarrollar productos y servicios que se adapten mejor al consumidor. En mercados

46

donde los proveedores han sido durante mucho tiempo responsables de los productos que suministran, la buena comunicación y comprensión de los deseos y necesidades de los clientes es más importante que nunca.

Obstáculos para la implementación del modelo de economía circular

Como comentábamos anteriormente, la implantación del modelo de economía circular traerá muchos beneficios para el medio ambiente, la economía y las empresas. Sin embargo, hay varias razones para el lento crecimiento de este modelo. En nuestro sistema económico actual, existen varios obstáculos para su implementación, tales como:

• Los precios ignoran las externalidades sociales y ambientales, favoreciendo las señales del mercado financiero sobre las personas y la naturaleza en las decisiones económicas.
• Los precios de las materias primas son volátiles y baratos, lo que hace que los recursos secundarios de alta calidad no sean competitivos.
• Los modelos de negocios de economía circular son más difíciles de desarrollar, ya que la mayoría de los inversionistas todavía trabajan dentro de la lógica de una economía lineal, que a veces requiere una inversión inicial.
• La demanda de productos circulares y alternativos sigue siendo baja.

• Todavía no hay muchos profesionales calificados con conocimientos técnicos o de "tecnologías de la información y la comunicación" (TIC).

Barreras institucionales al modelo de economía circular

Implementar y desarrollar una economía circular puede requerir superar muchos obstáculos diferentes, tales como:

• Nuestro sistema económico actual se adapta a las necesidades de la economía lineal y no está preparado para hacer frente a los empresarios de la economía circular.
• Los nuevos modelos de negocios pueden ser difíciles de implementar y desarrollar porque las leyes y regulaciones no están preparadas para este tipo de innovación.
• Muchas empresas dependen de alianzas antiguas y/o establecidas, lo que dificulta formar nuevas y así cerrar el ciclo.
• Los objetivos y sistemas de valoración de muchas empresas todavía se centran en la creación de valor a corto plazo, mientras que el modelo de economía circular es un modelo de creación de valor a largo plazo.
• El índice del PIB no tiene en cuenta las externalidades sociales y ambientales que dificultan la creación de valor en estas dos áreas.

Una visión amplia de las barreras a los modelos de economía circular

Un estudio sueco de 2017 que tuvo como objetivo integrar diferentes perspectivas sobre el tema encontró que las principales barreras para la transición a un modelo de economía circular se pueden clasificar en financieras, estructurales, operativas, actitudinales y tecnológicas.

El primer obstáculo está relacionado con el desafío de medir los beneficios económicos de la EC (economía circular) y su rentabilidad. La siguiente barrera "estructural" está relacionada con la falta de claridad sobre quién es el responsable de EC en la empresa. Por otro lado, los desafíos "operativos" son las dificultades para gestionar los procesos y mantener el control en la cadena de valor. La cuarta barrera, "actitud", se caracteriza por una falta de comprensión de los problemas de sostenibilidad y una fuerte aversión al riesgo: esto sugiere que el cambio disruptivo no es la mejor manera de desarrollar una estrategia circular.
La última barrera a la notificación es de origen tecnológico, relacionada con la necesidad de cambiar y modificar productos y sistemas de producción/procesamiento. En última instancia, estas necesidades generaron preocupaciones acerca de poder hacer esto y seguir siendo competitivos y tener un producto de calidad.

Transición de la economía lineal a la circular

Beneficios ambientales, sociales y económicos de una economía lineal a una circular

"Hacer más con menos" es uno de los lemas que mejor describen la economía circular. Este es el pensamiento que debe guiar el actuar de toda entidad financiera, en especial de las empresas. La crisis financiera actual ha derrocado inevitablemente las viejas formas de pensar sobre la economía. La crisis ha desconcertado a los académicos que estudian el sector privado y los mecanismos del mercado. Si bien las fallas del mercado alimentaron el campo de la economía keynesiana, junto con una fuerte crítica de la desigualdad distributiva, también abrieron la puerta a nuevos conceptos como la escasez de recursos, la conservación de los ecosistemas naturales y la energía renovable.

ISWA, la Asociación Internacional de Residuos Sólidos, a menudo habla sobre los peligros en un mundo donde los basureros abiertos contienen el 40% de los desechos producidos por el hombre. Esta es una emergencia de salud global y la economía circular significa atención médica (ISWA, 2017).

Los beneficios de la economía circular son claros y provienen de diferentes áreas: ambiental, social y económica. El éxito de este modelo económico depende de cómo se gestione la transición, de qué tan rápido se potencie la educación en las ciudades, pero sobre todo de qué tan rápido podamos desarrollar las competencias adecuadas y necesarias para utilizarla.

Ahora vamos a echar un vistazo más de cerca a las ventajas más importantes de la economía circular:

• Crecimiento económico

La economía circular tendrá un impacto positivo en el crecimiento. El valor del crecimiento potencial mundial para 2030 podría ser de 4,5 billones de dólares. Esto se describe en el libro The Circular Economy – From Waste to Value de Peter Lacey, Jacob Rutqvist y Beatrice Lamonica, líderes de prácticas de servicios de sostenibilidad de Accenture. Por otro lado, los autores argumentan que, si no cambiamos el registro, la continuación del modelo económico actual de "tomar, hacer y tirar" ya no será sostenible y terminaremos en un entorno perturbado donde los precios y desperdiciar.

Un uso más eficiente de las materias primas y los recursos en las cadenas de suministro podría reducir la demanda de nuevas materias primas entre un 17 % y un 24 % para 2030, lo que ahorraría dinero a la industria europea, según la Comisión Europea. El ahorro anual estimado es de 630 mil millones de euros. Varios estudios sobre el potencial de la economía circular han demostrado que la industria europea podría aumentar el PIB europeo en torno a un 3,9 % y crear millones de nuevos puestos de trabajo gracias a un importante ahorro en los costes de las materias primas. La economía circular puede ahorrar a la industria un 8 % de su facturación anual y, al mismo tiempo, reducir las emisiones anuales totales de gases de efecto invernadero en un 2,4 % (Comisión Europea, 2014). Según un estudio realizado para la Fundación Ellen MacArthur, hacer realidad la actual ola de ecoinnovaciones de rápido crecimiento en el contexto de la economía circular podría ahorrarle a la UE casi 1 billón de euros al año para 2030.

Las nuevas tecnologías y modelos comerciales que ya se han realizado parcialmente incluyen automóviles compartidos y vehículos sin conductor, transportes eléctricos, materiales avanzados como el grafeno, agricultura de precisión, procesos modulares en la construcción y energía eficiente en casas pasivas. De cualquier manera, se espera que estas tecnologías reduzcan los costes en 900 mil millones de euros al año para 2030 en tres sectores clave: transporte, alimentación y entorno construido, según el informe. Si tales mejoras se aplicaran como parte de los cálculos del informe (Ellen MacArthur Foundation, 2015), los ahorros podrían duplicarse a 1800 millones de euros si se adoptara una economía circular en lugar de una economía lineal.

• Mejoras de producto y ahorro de costes de producción

Comprometerse con una economía circular significa centrarse en productos más duraderos para la actualización, la obsolescencia y la reparación, al mismo tiempo que se consideran estrategias como el diseño sostenible. Diferentes productos, materiales y sistemas con muchos vínculos y medidas son más resistentes a las influencias externas que los sistemas creados solo para la eficiencia. Solo en la UE, se estima que la implementación de un enfoque de economía circular para la producción de bienes duraderos ahorrará entre 34mil y 630mil millones de USD al año, lo que equivale a aprox. 12% a 23% del costo real de producción de bienes duraderos en estas áreas. Para algunos productos de consumo, como alimentos, bebidas, textiles y empaques, el potencial de ahorro de materiales se estima en hasta $ 700 mil millones por año. Sin embargo, otro estudio estimó que los beneficios de reducir los costes de producción/eliminación de residuos oscilan entre 245 mil y 604 mil millones de euros al año (Parlamento Europeo, 2016).

Explotar los beneficios de implementar una economía circular también depende de qué tan bien y qué tan rápido se introduzcan y desarrollen las habilidades y la capacitación necesarias. Uno de los primeros objetivos a alcanzar será sin duda una mayor autosuficiencia en materias primas: los consumidores pueden ahorrar actualmente entre un 6% y un 12% de materiales (incluidos los combustibles fósiles) mediante la reutilización y el reciclaje y un cuidado diseño. Con esfuerzos, podría llegar al 10-17%, reduciendo la importación de materias primas en casi una cuarta parte para 2030.

• **Mejorar la competitividad de las empresas**
Ampliar, reutilizar y racionalizar el uso productivo de los materiales puede aumentar la competitividad de las empresas que operan de esta forma. Las empresas de la economía circular tienen importantes ventajas competitivas frente a sus competidores frente a los consumidores. Son cada vez más conscientes de cómo se producen los productos y cómo afectan el medio ambiente que los rodea. Por lo tanto, los consumidores prefieren comprar bienes de consumo circulares en lugar de lineales.

• Impacto ambiental reducido

Según muchos expertos, las materias primas como el petróleo, el cobre, el cobalto, el litio, la plata, el plomo y el estaño pueden agotarse entre 50 y 100 años. Pero el agua también se está convirtiendo en un recurso cada vez más escaso: para 2050, más del 40 % de la población mundial (casi 4 mil millones de personas) vivirá en zonas con una grave escasez de agua. La intervención humana, como el aumento de los gases de efecto invernadero y el uso de fertilizantes, amenaza los sumideros del planeta, como los bosques, las atmósferas y los océanos.

Luego está el tema de los residuos. Si continuamos con el patrón actual de crecimiento de residuos, para 2025 los residuos domésticos aumentarán más de un 75 % y los residuos industriales un 35 %. Hasta ahora, hemos producido 11 mil millones de toneladas de residuos cada año. Los expertos predicen mercados de productos básicos ajustados y volátiles, así como tensiones sobre el agua y la seguridad alimentaria, lo que creará tensión e inestabilidad geopolítica.

• Crear oportunidades de trabajo

En concreto, salir a la calle con la economía circular supone cerrar unas líneas de producción y/o servicio y abrir otras. Sin embargo, el balance sigue siendo positivo: según la Comisión de la UE, solo en la gestión de residuos se crearán 178.000 nuevos puestos de trabajo en 2030.

• Beneficios para las familias

El informe de la Fundación Ellen MacArthur también intentó cuantificar los ahorros de implementar una economía circular. Esto generaría ahorros al reducir los costos de recursos primarios asociados con el uso del producto (como el mantenimiento del vehículo si se comparte) y los costos asociados con externalidades como la congestión y las emisiones de carbono. Los gases de efecto invernadero deben reducirse significativamente. Los ahorros beneficiarán principalmente a los hogares, donde los ingresos disponibles de los hogares han aumentado en un promedio del 11% debido a una mayor eficiencia en la economía circular, según el informe. Así, para 2030, los gastos aumentarán al menos un 7% del PIB.

Capítulo 5
La manera de implementarla

Ecodiseño para la producción circular

El ecodiseño es un método para tener en cuenta sistemáticamente los factores ecológicos (evaluación del ciclo de vida) en la planificación, desarrollo y diseño de productos desde el principio. El ecodiseño busca conceptos, materiales y métodos de construcción que aseguren que el producto utiliza la menor cantidad posible de recursos y materias primas a lo largo de su ciclo de vida. Por último, ahorra costes.

Para garantizar que los productos duren el mayor tiempo posible y puedan reutilizarse a largo plazo, la economía circular debe tenerse en cuenta ya en la fase de diseño: los productos deben ser lo más eficientes posible, duraderos, reparables, modulares y desmontables, tanto como sea posible. La elección del material también es crucial; es importante utilizar materiales separables, seguros y reciclables siempre que sea posible. También es importante que el producto tenga no solo la etiqueta "reciclable", sino aún más importante, cuál es la proporción de materiales reciclados (materias primas recicladas) en el producto. Siempre que sea posible, todo el proceso no debe utilizar productos químicos nocivos para el medio ambiente o la salud. El uso de energías renovables también está en el centro del concepto de economía circular. La clave para garantizar que los nuevos proyectos e iniciativas de economía circular realmente reduzcan la contaminación ambiental solo se puede lograr a través de la evaluación del ciclo de vida.

Una economía circular requiere participación

La transición de una economía lineal a una economía circular requiere una reestructuración integral de la economía, que solo puede tener éxito con el apoyo de todos los sectores de la sociedad. Se necesita innovación en todas las industrias, y se requiere un nivel completamente nuevo de cooperación y coordinación a lo largo de la cadena de valor: desde la extracción de materias primas hasta el desarrollo de productos, desde la reutilización y el reciclaje hasta la reutilización, desde los modelos comerciales hasta el comportamiento del consumidor. La participación, la concientización y la formación de todos los actores, así como una estrecha cooperación entre la política, la ciencia, las empresas y la sociedad civil serán factores importantes para el éxito de la transición.

¿Cómo medir la reutilización?

La reutilización, también conocida como "circularidad material", es una expresión de la compatibilidad del modelo con los principios de la economía circular. Pero, ¿cómo evaluar científicamente en qué medida una empresa o producto se corresponde con la economía circular y qué avances se han realizado desde el modelo económico lineal al sistema económico circular?

En el pasado, era difícil obtener información sólida al respecto, y las afirmaciones al respecto eran bastante vagas y no vinculantes. En el proyecto Indicadores de circularidad, la Fundación EllenMacArthur y Granta Design desarrollaron un enfoque basado en evidencia para documentar la circularidad de productos y empresas.

Índice de circulación de materiales (MCI)

El índice de circulación de materiales (MCI) muestra cuán circular es el flujo de materiales en una escala de 0 a 1. Cuanto mayor sea la puntuación, más reciclable o "reutilizable" será el producto.

MCI se puede utilizar como base para la toma de decisiones de diseñadores y compradores de productos al seleccionar materiales, y se puede utilizar para informar o evaluar empresas. Aquí, se supone que la reciclabilidad de una empresa consiste en los ciclos de materiales individuales de sus productos.

MCI=1
Para recibir 1 punto, todas las materias primas utilizadas deben provenir de componentes reciclados o materiales reciclados sin pérdidas de reciclaje (100 % de eficiencia de reciclaje). Todos los residuos generados durante el proceso de producción y el final de la vida útil del producto también deben ser reutilizados o reciclados sin daños ("residuo cero").

MCF=0,1

Los productos con un flujo de materiales completamente lineal, en los que todas las materias primas son nuevas y los residuos no se reutilizan ni reciclan, obtienen una puntuación de 0,1. Para lograr un valor inferior a 0,1, el producto debe ser menos eficiente que un producto industrial típico (es decir, el producto debe tener una vida útil más corta o usarse de forma menos intensiva). ICM > 0,1 para productos con flujo de material lineal perfecto pero mayor eficiencia que el producto industrial promedio.

LCA y MCI mejoran la sostenibilidad del producto

La evaluación del ciclo de vida (LCA) a menudo es utilizada por empresas que desean mejorar la sostenibilidad de un producto o primero determinar su estado actual. Todos los flujos de energía y materiales entrantes y salientes de un producto se documentan a lo largo de su ciclo de vida y el impacto ambiental potencial se deriva de esto.

Para poder realizar una evaluación del ciclo de vida, se necesita una gran cantidad de datos que reflejen los procesos subyacentes: por ejemplo, ¿cuál es la composición de la estructura eléctrica de Alemania y cuánto CO_2 se produce al consumir 1000 kWh? El análisis del ciclo de vida (LCA) evalúa todo el ciclo de vida de un producto, proceso o actividad, desde las etapas de extracción y procesamiento de las materias primas hasta la producción, el transporte y la distribución, el uso, el mantenimiento, la reutilización, el reciclaje y la eliminación final.

Existe un software o base de datos denominado GaBi, que es hoy una de las mayores bases de datos de ACV en el mercado y contiene más de 7.000 perfiles de inventario listos para el uso del ciclo de vida.

Lo mismo se aplica al Indicador de Circularidad del Material (MCI): Se requiere una base de datos válida para poder calcularlo y evaluar la reciclabilidad. La intersección entre los datos utilizados para las evaluaciones del ciclo de vida y los datos requeridos para los cálculos de MCI es muy grande.

Con GaBi, también se tiene a disposición una herramienta que, basada en el software de evaluación del ciclo de vida, utiliza métricas MCI adicionales para crear evaluaciones del ciclo de vida y calcular el indicador de circularidad del material, y en esta forma es única en el mercado.

¿Cómo se relaciona la economía circular con el desarrollo sostenible y la economía verde?

En 1987, Naciones Unidas definió oficialmente el desarrollo sostenible como un modelo de desarrollo que coordina los tres elementos básicos del crecimiento económico, la inclusión social y la protección del medio ambiente. El Programa de las Naciones Unidas para el Medio Ambiente define una economía verde como un modelo económico que "mejora el bienestar humano y la equidad social al tiempo que reduce significativamente los riesgos ambientales y la escasez ecológica". Su objetivo es crear una economía "baja en carbono, eficiente en el uso de los recursos y socialmente inclusiva".

Alimentos

Una gran cantidad de los recursos del mundo se utilizan para satisfacer las necesidades humanas de alimentos. Irónicamente, un tercio de los alimentos que producimos que agotan la tierra y sus recursos no acaban en nuestra boca. En cambio, se pierden durante la manipulación, el transporte, la venta al por menor y el uso. Para empeorar las cosas, este sistema de producción y consumo ha creado varios problemas como la degradación de la tierra, la contaminación ambiental y el desequilibrio de los ecosistemas. Este impacto ha superado la capacidad del planeta para regenerarse.

A nivel mundial, el sector agrícola emplea a más de mil millones de personas en industrias relacionadas, que incluyen agricultura, procesamiento, transporte, venta minorista, preparación de alimentos, empaque, ventas y entrega. Como un sector de medios de vida tan grande, la industria ha sido calificada por algunos como la más grande del mundo. Como resultado, grandes cantidades de los recursos del planeta se utilizan para apoyar el crecimiento industrial: el 50 % de la tierra habitable y el 70 % del agua limpia se utilizan para producir alimentos agrícolas.

En 2009, los científicos propusieron el concepto de "límites planetarios" enumerando 9 sistemas que son necesarios para regular el equilibrio de las capacidades regenerativas de la Tierra. Superar estos nueve límites pondría en grave riesgo a nuestras sociedades humanas actuales y futuras. Sin embargo, un informe actualizado de 2015 señala que ya se han superado 4 de los 9 límites planetarios. Dentro de ellos, dos de los límites están relacionados con el cambio del sistema terrestre y los flujos de nitrógeno y fósforo. Dichos cambios resaltan aún más los riesgos sin precedentes que enfrenta actualmente nuestro sistema alimentario.

De la granja a la fábrica

Debe haber un cambio de monocultivos industriales a sistemas de producción diversificados que hagan el mejor uso posible del agua, el aire, el suelo y la ecología. Sin embargo, esta transición va más allá de evitar fertilizantes y pesticidas. Más bien, se trata de desarrollar formas de mantener la salud del suelo y crear un ecosistema vibrante para garantizar un sistema de producción de alimentos seguro, saludable y sostenible. La producción de granos producirá muchos subproductos como paja, leche de soya, conchas de almejas, etc., todos los cuales tienen valor de uso. La clave es transformar el sistema de producción para incluir un paradigma de beneficio total y desperdicio cero. Esto se basa en el concepto de "pirámide de valor biológico", que ilustra el desarrollo de cuatro niveles de materiales biológicos: fármacos/productos químicos especiales, alimentos/genéticos, materiales a granel/fertilizantes y combustible/electricidad.

Del mercado a la mesa

Para reducir el desperdicio de alimentos, las personas pueden comenzar por reevaluar sus relaciones y hábitos de consumo de alimentos. Al desarrollar una actitud solidaria, podemos desarrollar un enfoque sin desperdicio para cocinar y comer que priorice los alimentos locales, de temporada y producidos de manera sostenible. Las empresas y las comunidades deben trabajar juntas para administrar adecuadamente los ingredientes excedentes y deficientes, incluida la redistribución de las fuentes de alimentos para quienes las necesitan. Además de la producción de alimentos a gran escala, los envases de alimentos y bebidas también generan enormes cantidades de desechos. En Taiwán, la popularidad de las bebidas de "goteo" como el té de burbujas ha llevado a que se usen la asombrosa cantidad de 1.500 millones de vasos de plástico desechables cada año, el equivalente a 44 mil edificios Taipei 101 apilados uno encima del otro. A pesar de la reciente presión de empresas, comercios y sociedad civil para reducir el consumo de plástico, incluidas iniciativas que promueven el uso de vasos reutilizables, aún queda mucho por mejorar. Actualmente, hay casos en Europa y Taiwán donde los gobiernos y las empresas están promoviendo conjuntamente "alquiles de vasos reutilizables para la protección del medio ambiente" para resolver problemas como el desperdicio de recursos, el uso excesivo de vasos desechables y la inconveniencia de llevar vasos personales.

Convertir los desperdicios de comida en recursos

De hecho, el reciclaje de residuos de cocina para fertilizantes y energía tiene un enorme potencial comercial. Un buen ejemplo es el compostaje: el hogar medio tira alrededor de un kilogramo de residuos de cocina al día, lo que significa que más de 2 millones de toneladas de residuos de cocina pueden reciclarse como fertilizante cada año, lo que puede convertirse en oportunidades de negocio.

Además de los desechos de cocina, todos los materiales orgánicos eventualmente pueden regresar al suelo como nutrientes, incluidos los recursos ganaderos (p. ej., paja, heces de cerdo, hongos, etc.) y desechos industriales (p. ej., lodos de alimentos y pulpa de bagazo). Para promover la industrialización del compostaje y crear oportunidades comerciales innovadoras, es necesario controlar efectivamente la calidad y la cantidad desde el inicio de la producción, administrar bien la tierra disponible e implementar políticas apropiadas (es decir, garantizar que el organismo de certificación de fertilizantes pueda cumplir las necesidades de la industria del compost). Lo que es más importante, dado que el compostaje se considera una actividad regional, el desarrollo de conocimientos y habilidades técnicas relacionadas puede crear más puestos de trabajo en el hogar.

El compostaje de los residuos de la cocina tiene muchos beneficios. Desde una perspectiva económica, esto tiene el potencial de crear oportunidades de trabajo desde el hogar y aumentar los ingresos. Desde el punto de vista de la protección ambiental, tiene el potencial de reducir la contaminación ambiental y aumentar la fertilidad del suelo. En última instancia, estas oportunidades educarán a los ciudadanos sobre el enorme potencial de algo tan simple como los desechos de cocina.

Indumentaria

Solo en 2015, se produjeron más de 100 mil millones de prendas en todo el mundo, impulsadas por la moda rápida y la creciente demanda de ropa de la clase media. Los patrones lineales de producción y consumo tienen importantes consecuencias sociales y ambientales.

Los trabajadores de la confección en los países en desarrollo se enfrentan a malas condiciones de trabajo. Los productos químicos sintéticos y los aditivos en el proceso de teñido causan una grave contaminación. Gran parte de los recursos naturales (agua dulce, petróleo y suelo) se utilizan a lo largo de todo el proceso productivo. Sin embargo, la ropa producida a menudo solo se usa por un corto tiempo y el material termina en un vertedero.

La industria textil y de la moda genera casi el 20% de los residuos del mundo. Aunque el 95% de los textiles usados se pueden reciclar, solo el 1% del material se utiliza para renovar la ropa. Esto significa una pérdida de más de 100 mil millones de dólares al año. Además, la industria de la confección es responsable del 10% de las emisiones globales de CO_2 cada año. Cuando el producto terminado llega al consumidor, ha recorrido 1.900 kilómetros. Los trabajadores de la confección en los países en desarrollo se encuentran en condiciones laborales de explotación.

El informe de la Fundación Ellen MacArthur, "La nueva economía textil: remodelando el futuro de la moda", muestra que la producción de ropa se duplicó entre 2000 y 2015, mientras que el desgaste de la ropa (la cantidad promedio de veces que se usa una prenda antes de volverse obsoleta) ha disminuido en un 36%.

También se ha señalado que la industria de la moda enfrenta consecuencias de rentabilidad catastróficas y riesgos sistémicos debido a modelos comerciales lineales y derrochadores. Cada año se pierde más de $500 mil millones en ropa debido a la infrautilización y la falta de reciclaje. Cada segundo, un camión de basura arroja textiles a un vertedero o los quema. Si todo sigue igual, la industria de la moda usaría más del 25% del presupuesto global de CO_2. Además de emitir gases de efecto invernadero, la ropa sintética libera unas 500 mil toneladas de microplásticos al océano cada año durante el proceso de lavado, lo que equivale a más de 50 mil millones de botellas de plástico.

Viviendas

La industria de la construcción utiliza más del 50% de los recursos naturales del mundo. Aunque los edificios y la construcción utilizan el 36 % de la energía mundial y generan el 39 % de la huella de carbono global, solo se recicla el 3-4 % de los residuos de construcción de la industria. Según las previsiones de la ONU, la población mundial alcanzará los 9.800 millones en 2050, dos tercios de los cuales vivirán en ciudades. Con recursos de tierra limitados, el problema de cómo satisfacer esta creciente demanda de construcción se ha convertido en un tema crítico. La economía circular ayuda a reducir de manera efectiva el consumo de energía durante la construcción y asegura la reutilización de materiales a través del diseño circular. Al mismo tiempo, la economía circular puede convertirse en una nueva oportunidad para mejorar las habilidades de la industria de la construcción. En Europa, la industria de la construcción es la principal consumidora de energía y generadora de residuos: consume el 50% de las materias primas, el 50% de la energía, el 30% del agua, genera el 30% de los residuos y genera el 40% de las emisiones de carbono. Solo el 3-4% de los residuos de la construcción se devuelven al propio edificio para su reciclaje. Es por eso que los Países Bajos, Francia y otros países han incluido la industria de la construcción como una industria de procesamiento clave en las políticas nacionales de economía circular.

La construcción circular

La construcción se compone de muchos componentes diferentes, como estructura, exterior, configuración eléctrica, sistemas de tuberías, incluso muebles o electrodomésticos. Todas estas partes tienen diferentes ciclos de vida y, si no se planifican adecuadamente, tendrán que destruirse todas juntas, lo que generaría grandes cantidades de desechos durante la demolición. Sin embargo, si durante la fase de diseño se pudiera dar a cada nivel la máxima flexibilidad y se desmontara correctamente, entonces los materiales ya no tendrían que ser un sobrante "depreciado", sino "activos" que se pueden reutilizar, lo que aumentaría su valor en el futuro cuando los recursos se vuelvan limitados.

Los edificios circulares tienen como objetivo avanzar hacia cero residuos, cero emisiones y cero accidentes. Considere todo el ciclo de vida de un edificio o construcción y planifique un mecanismo reversible y renovable para el material, el agua y la energía, entonces es posible hacer el mejor uso de cada recurso y energía.

Como decía Guo Yingchao, arquitecto de Bioarquitectura Formosana: "Cada edificio debería ser como un organismo". El diseño prefabricado, modular y plegable permite reemplazar, reparar y agregar componentes al final del ciclo de vida de un edificio o cuando el edificio cambia de función. Al mismo tiempo, el valor de los materiales de construcción se puede preservar en gran medida y convertirse en materiales para la construcción futura.

Podemos extender la jerarquía de edificios con diferentes duraciones de ciclo de vida:

• **La estructura principal del edificio**: El ciclo de vida de la estructura principal es de 50 años, no siendo raro que los casos superen los 100 años. Dado que los edificios consumen muchos recursos, la estrategia para los edificios existentes es prolongar su vida útil. La estrategia para los nuevos edificios será reducir el volumen por diseño y utilizar construcciones prefabricadas y modulares para maximizar la reutilización en el futuro.

• **Sistema de acabado de paredes exteriores**: Protege los componentes externos de las paredes exteriores del edificio, puertas, ventanas, techos, etc. con una vida útil de aprox. 20-30 años. El viento, la lluvia, el sol y otras condiciones climáticas afectarán directamente la resistencia a la intemperie del edificio y el consumo de energía después de la construcción a través del sistema de paredes exteriores.

• **Sistemas Eléctricos y Sistemas de Tuberías**: Equipos eléctricos y configuraciones de tuberías tales como aire acondicionado, electricidad, suministro de agua y drenaje y tienen una vida útil de aproximadamente 20 a 30 años. Es un sistema relativamente flexible de acuerdo a las necesidades del usuario. Las tuberías expuestas son más fáciles de reparar, reemplazar y ajustar. Si se colocan tuberías temporales en paredes más duraderas, no es fácil reparar o reemplazar las tuberías. La vida útil de la pared se acortará debido a la fuga de agua. Dado que el rendimiento cambiará con el tiempo, siempre utilizaremos equipos de alta calidad si adoptamos un modelo comercial orientado al servicio.

• **Sistema de decoración de compartimentos**: lo más relevante para los usuarios son las paredes interiores, tabiques, techos, decoraciones de pisos y otros niveles. La esperanza de vida es de unos diez a veinte años. A menudo se adapta a medida que cambian las necesidades del usuario. Los materiales de construcción modulares aumentan la variabilidad y mantienen la reutilización.

• **Muebles y enseres**: Los elementos móviles como muebles, iluminación y electrodomésticos suelen tener una vida útil corta. A través de la adopción de un modelo comercial orientado al producto-servicio, se puede disfrutar de equipos de alta calidad sin responsabilidad de mantenimiento.

El diseño prefabricado, modular y prefabricado permite reemplazar, reparar y agregar componentes al final del ciclo de vida del edificio o cuando el edificio cambia de función. A la luz del cambio climático, las empresas han visto gradualmente una responsabilidad compartida en la reducción de CO2, y existen muchas oportunidades para la reducción de CO2 en la industria de la construcción.

El alto consumo de energía en los edificios existentes contribuye a las emisiones de CO2 más altas en los sectores residencial y comercial, solo superados por la fabricación. Es la industria que debe reducir la mayor cantidad de emisiones para lograr el objetivo de reducir las emisiones de gases de efecto invernadero para 2025. La industria de la construcción de Taiwán ha dependido durante mucho tiempo del hormigón armado (RC), que consume más de 10 millones de toneladas de cemento cada año. Sin embargo, la producción de cemento y acero son industrias intensivas en carbono. Para hacer frente a las tendencias futuras en la protección del medio ambiente, debemos repensar el futuro de toda la industria de materiales de construcción. Además de los esfuerzos de la industria del cemento para aumentar la tasa de sustitución de materias primas, Europa también ha desarrollado vigorosamente la tecnología de reciclaje de cemento para reducir significativamente el uso de nuevos materiales. Gracias al desarrollo de la tecnología de la construcción, también hay muchas opciones de materiales de construcción bajos en carbono. Por ejemplo, el uso de madera local de plantaciones locales, que absorben dióxido de carbono a medida que crece, puede reducir las emisiones de carbono del transporte internacional; otros materiales de construcción como el bambú e incluso esponjas se han desarrollado a través de investigación y desarrollo innovadores. Hay muchas opciones de materiales de construcción respetuosos con el medio ambiente, como ladrillos de espuma ligeros hechos de vidrio reciclado, materiales de construcción hechos de revestimiento de piedra.

Clon digital

El Modelado de información de construcción (BIM), que ha sido desarrollado por la industria de la construcción durante muchos años, puede establecer un pasaporte de material completo para un edificio, de modo que el currículum y el estado de cada material de construcción se puedan ubicar claramente y convertirse en un avatar digital del edificio. Podemos tratar el edificio como un lugar de almacenamiento temporal para materiales de construcción. Cuando el edificio ha cumplido su tarea, puede devolver los materiales de construcción o proporcionarlos para su uso en el edificio siguiente, como un "banco de materiales de construcción".

La empresa de construcción con sede en Luxemburgo Astron trabajó con bancos europeos para evaluar modelos económicos de construcción lineales y cíclicos. Por un lado, se cree que la demanda de espacios de estacionamiento puede cambiar a medida que los automóviles autónomos se vuelvan más comunes. Por otro lado, en la UE, los objetivos cada vez más estrictos de reducción de emisiones de CO_2 y la compra de materias primas se han convertido en riesgos para el funcionamiento lineal de las empresas.

Tome un edificio de tres pisos con 580 estacionamientos como ejemplo. En el modo lineal, el método de construcción húmeda de lechada en el sitio es el más conveniente, pero después de su uso, solo se puede demoler por medios destructivos. Los residuos de la construcción se degradan y solo se puede recuperar el 8,3% del valor; mientras que el edificio circular se construye con métodos de construcción en seco modulares prefabricados. Además del costo del material original, se debe agregar el costo del desmantelamiento y almacenamiento adecuados después del desmantelamiento. Aunque el costo es alto, todos los materiales se reciclan y están disponibles para el próximo edificio, la recuperación del valor es de hasta un 73 %.

A largo plazo, las empresas no solo pueden controlar los activos, sino también lograr un alto rendimiento de la inversión. No solo pueden reducir la extracción de nuevos recursos, los riesgos y el consumo de materias primas y energía para la producción de nuevos materiales de construcción, sino que también pueden responder con mayor flexibilidad al desarrollo de la sociedad. La construcción circular no solo es "una buena idea, sino también un buen negocio".

Locomoción

Según la investigación, las personas que poseen un automóvil solo lo usan el 5% del tiempo cada día, dejándolo inactivo el restante 95%. Los estacionamientos ocupan el espacio vital de la gente común y los automóviles comprados por grandes sumas no se utilizan bien. El surgimiento de las plataformas de negociación busca mejorar el uso de los recursos en la fase de explotación. En los Países Bajos, solo un tercio de todos los automóviles se vendieron a consumidores finales en 2015, y el número de alquileres de automóviles privados se duplicó en comparación con el año anterior. Estas dos tendencias también muestran que la movilidad ya no da por sentada la propiedad de un automóvil privado. Al igual que no compramos un avión solo porque vamos a Nueva York. Gracias al desarrollo de las tecnologías de la información y la comunicación, ya no es una tarea imposible integrar aún más la plataforma de servicio de transporte público, el transporte subpúblico y el modo compartido, lo que también contribuyó al surgimiento del concepto MaaS.

El concepto de Movilidad como Servicio (MaaS) se puede definir como "el uso de una interfaz digital para dominar y administrar los servicios relacionados con el transporte para satisfacer las necesidades de movilidad de cada consumidor", y su propósito es crear un entorno más conveniente, confiable y un servicio de transporte más económico que poseer un vehículo. Dichos servicios que pueden mejorar el transporte y la eficiencia de los recursos al mismo tiempo también se convertirán en una práctica importante para promover que el transporte esté más en línea con el concepto de economía circular.

¿Cómo podemos mejorar los sistemas existentes?

El reciclaje puede volverse más común, pero incluso dentro de nuestro sistema actual hay mucho margen de mejora. En los EE. UU., el estadounidense promedio recicla solo el 35% del total de los desechos. Esto equivale a unas 234 libras (106,2 kg) por persona al año.

Para muchos, la falta de acceso conveniente sigue siendo un impedimento importante para el reciclaje. Si bien continúa siendo un componente crítico de cualquier economía circular efectiva, el reciclaje aún no puede mitigar la cantidad de desechos que se producen. O cómo se produce.

 Por ejemplo, si bien se debe reducir la producción y aumentar el reciclaje, los consumidores deben tratar de conservar los bienes (ropa, productos electrónicos) hasta su fecha de vencimiento. Reemplace (y, con suerte, reutilice) los productos solo cuando sea absolutamente necesario. Actualmente, esto se ve obstaculizado por la obsolescencia planificada, la vida útil finita incorporada que limita la disponibilidad de ciertos productos y tecnologías. Por ejemplo, se ha acusado reiteradamente a Apple de utilizar actualizaciones de software para limitar el rendimiento de los iPhone más antiguos antes de lanzar nuevos modelos. Muchos productos también están diseñados para no tener reparación. Otro modelo de negocio perpetuado por Apple y otros fabricantes de tecnología.

¿Deberíamos reducir la producción?

Esto afecta no solo la vida útil de los productos, sino también si se pueden reciclar. Si es así, cómo funciona. Como siempre, los sistemas de reciclaje son cruciales, pero la producción y el consumo necesitan una revisión para respaldar esto. Una posible solución a este problema sería reducir drásticamente el número de modelos, tipos y variaciones de productos. Celulares específicos y artículos de moda rápida que se lanzan a lo largo del año. Otro enfoque es enfatizar los arrendamientos o licencias en lugar de la propiedad personal. La firma de conocimiento del mercado Mintel predice que la economía de alquiler crecerá rápidamente en los próximos años gracias a una combinación de asequibilidad, conveniencia y sostenibilidad. En particular, los alquileres de ropa son cada vez más populares. Sin embargo, cambiar las normas culturales de la cultura de consumo actual (con su fuerte énfasis en el consumo, las noticias y la propiedad privada) requiere un ajuste importante en nuestro pensamiento y hábitos. También requerirá ajustes significativos en la forma en que la empresa hace negocios.

¿Quién está impulsando el movimiento de la economía circular?

Según el informe Pulse of the Fashion Industry de 2019, solo la industria de la moda genera 92 millones de toneladas de desechos cada año. Esto es 42 millones de toneladas más de lo que produce la industria electrónica. También representa el 4% del total de residuos del mundo.

La cultura de la moda rápida, en particular, se ha basado históricamente en gran medida en la explotación de los trabajadores, los tintes tóxicos y las mezclas baratas. Quizás por esta razón, algunas empresas de la industria están tomando medidas para reducir su impacto ambiental, incluidas muchas que han sido muy criticadas por sus prácticas en el pasado.

El año pasado, la multinacional sueca H&M lanzó un programa de reciclaje de ropa que convierte fibras viejas en ropa nueva. Loopop es el primer sistema de reciclaje de ropa que limpia, rasga y crea nuevos tejidos sin usar agua ni tintes.

La empresa forma parte de la iniciativa Make Fashion Circular de la Fundación Ellen MacArthur, que se dedica a transformar la industria textil y de la confección. La marca de ropa deportiva Adidas también está involucrada. Ha enfatizado materiales veganos, sostenibles y reciclados en muchos de sus últimos diseños.

En 2019, la empresa lanzó Futurecraft, una zapatilla de running totalmente reciclable diseñada para ser refabricada al final de su vida útil. Adidas también se asoció previamente con Parley for the Oceans para producir zapatillas hechas completamente de plástico reciclado de desechos oceánicos.

Ejemplos de empresas que utilizan la economía circular

La economía circular adopta un enfoque diferente al modelo de consumo de obtener, fabricar y desechar al que muchos están acostumbrados. Al reciclar y reutilizar tanto como sea posible, así como al reciclar y vender productos al final de su vida útil, la economía circular crea empleos y genera actividad económica al tiempo que reduce la presión sobre el medio ambiente.

En palabras de la Fundación Ellen MacArthur, es un enfoque basado en "diseñar para los desechos y la contaminación, usar productos y materiales y restaurar los sistemas naturales". A medida que más y más marcas conocidas adoptan un enfoque circular y desarrollan productos con circularidad incorporada, la idea está ganando impulso y se está convirtiendo en una corriente principal.

Organizaciones de todo el mundo están creando nuevas plataformas para apoyar la innovación circular. Por ejemplo, la iniciativa Scale360° Playbook del Foro Económico Mundial reúne a tecnólogos, investigadores, empresarios y gobiernos para desarrollar nuevos productos y soluciones, maximizar el uso de recursos y repensar las cadenas de valor. Además, los jóvenes innovadores circulares de todo el mundo pueden conectarse y colaborar a través de UpLink, la plataforma de innovación abierta del foro, para compartir ideas y soluciones.

Aquí hay cuatro ejemplos de la innovación circular que podría estar llegando a una tienda cercana a usted:

- **Incentivos de reciclaje: Thousand Fell**

Thousand Fell ya se está haciendo un nombre como fabricante consciente del medio ambiente con zapatos hechos de materiales sostenibles como cáscara de coco y caña de azúcar, e incluso botellas de plástico recicladas.

El fabricante ahora se ha asociado con TerraCycle y UPS para ofrecer incentivos especiales de reciclaje. Los clientes pueden devolver sus viejos zapatos Thousand Fell al fabricante. Thousand Fell luego aceptará los zapatos devueltos y enviará a los clientes elegibles a comprar un nuevo par.

- **Marcas conocidas que venden productos usados: IKEA**

Los visitantes de la ciudad sueca de Eskilstuna, a unos 100 kilómetros de la capital, Estocolmo, pueden ver una piedra de 1 mil años cubierta de runas e imágenes vikingas. También pueden visitar la primera tienda IKEA de segunda mano. Los muebles de IKEA se utilizan en el inventario de la tienda para cumplir con los objetivos climáticos de 2030.

En una conferencia con la agencia Reuters, el jefe de sostenibilidad del gigante escandinavo de muebles, Jonas Carleed, dijo "Estamos pasando por una gran reestructuración, probablemente la mayor reestructuración que IKEA haya hecho jamás, para enfrentar el cambio climático. Una de las claves de los objetivos de la empresa es encontrar formas de ayudar a nuestros clientes extendiendo la vida útil de sus productos hasta 2030".

La compañía también lanzó recientemente un programa de recompra para clientes: ofrece cupones a cambio de devolver muebles y otros artículos no deseados.

• Envases reutilizables de comida rápida: Burger King

La entrega de alimentos es un gran negocio, pero el empaque de estas comidas presenta un desafío de sostenibilidad.

La marca global de comida para llevar Burger King ha ideado una solución en forma de envases reutilizables que tiene como objetivo reducir la cantidad de residuos que genera. Los clientes de Nueva York, Tokio y Portland, Oregón, ya pueden comprar hamburguesas y bebidas en envases reutilizables.

El esquema implica un pequeño depósito que se cobra inicialmente y luego se reembolsa cuando los clientes regresan con cajas y vasos recolectados a través de un sistema de comercio electrónico de desperdicio cero para limpiarlos y desecharlos.

• Zapatos que no tienes: Adidas

La empresa internacional de ropa deportiva Adidas ha lanzado una línea de zapatos diseñados pensando en el reciclaje. Sus zapatos UltraBoost DNA Loop están hechos de un solo material: poliuretano termoplástico (TPU). No se utiliza pegamento en su producción, sino que se ensambla en altas temperaturas.

Adidas describe el UltraBoost Loop en su sitio web como un zapato que los clientes nunca tendrán, pero que volverán cuando se desgasten. "Si el final puede ser un comienzo, podemos ayudar a mantener el producto en línea y fuera del vertedero", dijo la compañía.

Capítulo 6
El rol de los países en la economía circular

¿Qué países de la UE están ganando la carrera por la economía circular?

Una mirada más cercana a cómo los países están progresando hacia los objetivos de la UE para hacer que la economía recicle más mientras se reducen los desechos revela líderes inesperados y rezagados. Polonia y República Checa encabezan la lista de países con economías más circulares de la UE, mientras que los países nórdicos supuestamente verdes se quedan atrás. Bruselas lleva años impulsando la idea de una economía circular en la que casi nada se desperdicia. En una economía circular, los productos duran el mayor tiempo posible y, cuando hay que desecharlos, los materiales se reciclan con equipos de reciclaje y metalurgia. Por lo tanto, la medición cubre todas las etapas de consumo y posconsumo.

Estos incluyen cuánta basura y desechos de alimentos se generan, cuánto se recicla y cuánto material reciclado se recicla a su vez. También incluyen el volumen del comercio de materiales reciclados, el número de patentes de economía circular presentadas y el número de puestos de trabajo creados en el "sector de la economía circular", la mayoría de los cuales están relacionados con la reparación y el mantenimiento.

En general, los países con los puntajes más altos de economía circular (Alemania, Reino Unido y Francia encabezan la lista) tienen sistemas circulares saludables y altos niveles de innovación en el sector de la economía circular. Los países más grandes también tienden a tener economías circulares más altas, en parte porque tienen economías más grandes y tienen más inversión privada y patentes. Los dos indicadores que mejor encajan en el ranking final son el número de patentes e inversiones en economía circular y el número de puestos de trabajo.

Pero el país que encabeza la lista no es exactamente el más verde: la clasificación de la economía circular difiere significativamente del Índice de Desempeño Ambiental de 2018, producido en parte por el Centro Común de Investigación de la Comisión Europea, que clasifica una gama más amplia de políticas ambientales. desde la contaminación del aire y las emisiones hasta la agricultura y la biodiversidad.

Esto se debe en parte a que las prácticas que reducen los impactos en la salud y el medio ambiente no necesariamente promueven la circulación. Por ejemplo, la práctica común en los países nórdicos de quemar residuos para obtener energía reduce los vertederos, pero no contribuye al aumento de las tasas de reciclado, por lo que no es muy circular y no ayuda a organizar el país.

Otro factor que reduce el reciclaje en los países nórdicos y de Europa occidental es su tendencia a generar grandes cantidades de residuos. Aunque los Países Bajos, Dinamarca y Suecia están bien clasificados en innovación y procesamiento, se ven afectados por un alto nivel de desechos, especialmente los alimentos. Al mismo tiempo, los nueve países que producen menos residuos son de Europa Central y del Este.

La República Checa ocupa el cuarto lugar en general, el tercero de 28 países en términos de desperdicio doméstico y el quinto en términos de desperdicio de alimentos. Croacia ha reconocido la importancia de administrar los recursos de manera más efectiva para la sostenibilidad económica y ambiental a largo plazo en línea con el Paquete de Economía Circular de la Unión Europea (UE) adoptado en 2018.

La economía circular (EC) es una alternativa sostenible al modelo económico lineal tradicional (tomar-hacer-desechar) que reduce los residuos mediante la reutilización, reparación, renovación y reciclaje de materiales y productos existentes. Según el último informe independiente Circular Gap de 2021, nuestra economía global es solo circular en un 8,6 %, desperdiciando el 91,4 % de todo lo que usamos. El gobierno croata ha reconocido la necesidad de avanzar hacia una economía circular reduciendo la generación de desechos, clasificándolos en la fuente, desviando los flujos de desechos a diferentes usos y tratando los desechos como un recurso. Por lo tanto, el país está tratando de acelerar el progreso hacia el logro de los objetivos de economía circular de la UE e integrar enfoques de economía circular en el actual período 2017-2022. en el Plan Nacional de Gestión de Residuos (PNA), así como en futuros PNA (posteriores a 2022). Con esto en mente, la Secretaría de Economía y Desarrollo Sostenible (EMM) solicitó el apoyo del Banco Mundial, y ambas partes comenzaron a trabajar en la introducción de un enfoque de economía circular para la gestión de residuos sólidos. Asistencia técnica para mejorar las prácticas de gestión de residuos en Croacia y apoyar la transición del país hacia una economía circular. El programa de asistencia técnica está financiado por el Fondo de Cohesión de la UE con la ayuda del Servicio de Asesoramiento Reembolsable (RAS) del Banco. El compromiso comenzó en septiembre de 2020 y se extiende hasta finales de noviembre de 2022.

Economía Circular en América Latina y el Caribe

En los últimos años, la economía circular se ha vuelto cada vez más importante en América Latina y el Caribe (ALC) como un enfoque para el desarrollo sostenible. Los países de la región han introducido o están planificando nuevas políticas, iniciativas públicas y hojas de ruta relacionadas con la economía circular. La pandemia de Covid-19 ha revelado grandes fallas en la economía lineal: la vulnerabilidad de las cadenas globales de valor, el agotamiento de los recursos naturales y el recrudecimiento de la desigualdad social. La economía circular ofrece un marco alternativo para adoptar un modelo económico más estable e inclusivo en los países de ALC. El éxito de la transición de LKA a la economía circular dependerá del uso generalizado de las tecnologías de Industria 4.0.

La Industria 4.0 es un elemento clave de la economía circular, ya que ayuda a aumentar la rentabilidad de los nuevos modelos de negocio al tiempo que reduce el impacto ambiental. Los gobiernos de ALC deben apoyar la transición a una economía circular desde una perspectiva técnica para garantizar el valor agregado y la sostenibilidad. Los países de América Latina y el Caribe necesitan invertir más en investigación y desarrollo para aprovechar al máximo las tecnologías de la Industria 4.0 y aplicarlas en la transición hacia una economía circular. El nivel de inversión en ciencia y tecnología sigue siendo relativamente bajo, promediando solo el 0,66 por ciento del PIB de la región, mientras que el financiamiento de empresas públicas y privadas representa solo alrededor del 36 por ciento de esta inversión. Los modelos de economía circular son igualmente importantes para las consideraciones de justicia social y ambiental. Un enfoque de "transición justa" es importante para garantizar que la economía circular no perpetúe las desigualdades existentes creadas por los modelos económicos lineales ni destruya los medios de subsistencia mediante la introducción de nuevas tecnologías y la automatización del trabajo. Los enfoques de economía circular basados en la innovación social en América Latina y el Caribe pueden reducir la pobreza, promover el desarrollo humano y de patrones de consumo sostenibles para sociedades más resilientes e inclusivas.

A nivel nacional, la buena gobernanza y el establecimiento de instituciones transparentes y basadas en reglas son esenciales para una transición exitosa e inclusiva hacia una economía circular en la región. Para asegurar el éxito, las empresas deben garantizar un clima de inversión estable y mercados que funcionen bien, así como abordar la desigualdad. A nivel regional, se pueden desarrollar estrategias para asegurar que los países coordinen sus esfuerzos para apoyar la transformación nacional y subnacional. El financiamiento de la economía circular en América Latina y el Caribe actualmente se limita en gran medida a la provisión de financiamiento internacional para el desarrollo de actividades de manejo y reciclaje de desechos, elementos que se encuentran en la parte inferior de la jerarquía de valoración apropiada para la economía circular. Es probable que la región experimente cambios importantes en la gestión de desechos durante la próxima década, pero estos cambios requieren financiamiento. Para lograr la transición a una economía circular, es importante atraer inversiones locales y extranjeras además de la gestión de residuos.

Los tres sectores industriales que constituyen áreas prioritarias para el desarrollo de la economía circular en América Latina y el Caribe son la explotación de minas y canteras, la gestión y el reciclaje de residuos y la bioeconomía. Aplicar prácticas de economía circular en el sector minero es fundamental para reducir el impacto ambiental y los riesgos sociales. Esta práctica también aumentará la competitividad de la industria a medida que disminuya la demanda de metales y minerales primarios debido a la urbanización y los avances en el reciclaje de productos, la recuperación de materiales y las tecnologías de reciclaje.

En las industrias de gestión y reciclaje de residuos, las prácticas de economía circular pueden reducir la cantidad de residuos enviados a vertederos o incinerados. La bioeconomía en sí misma ofrece importantes oportunidades para crear sistemas alimentarios y agrícolas sostenibles en la región que ayuden a evitar las compensaciones entre los objetivos económicos, sociales y ambientales.

América Latina y el Caribe crean una alianza de economía circular

La Alianza Regional de Economía Circular se anunció en un evento paralelo virtual en el 22° Foro Ministerial Regional de Medio Ambiente organizado por Barbados y el Programa de las Naciones Unidas para el Medio Ambiente (PNUMA). La nueva coalición, coordinada por el PNUMA, estará dirigida por un grupo directivo compuesto por cuatro representantes gubernamentales de alto nivel de forma rotativa, comenzando con Colombia, Costa Rica, República Dominicana y Perú en 2021-2022.

La Alianza apoyará el acceso al financiamiento del gobierno y del sector privado, especialmente para las pequeñas y medianas empresas (PYME), para promover la movilización de recursos innovadores y la implementación de proyectos específicos en la región. La iniciativa contará con ocho socios estratégicos permanentes: Centro y Red de Tecnología Climática (CTCN), Fundación Ellen MacArthur, Banco Interamericano de Desarrollo (BID), Fundación Konrad Adenauer (KAS), Plataforma para la Aceleración de la Economía Circular (PACE), Naciones Unidas Desarrollo industrial. Internacional (ONUDI), Foro Económico Mundial (FEM) y PNUMA.

Si bien los debates actuales sobre el clima se centran en el cambio a las energías renovables y la eficiencia energética, que abordarán el 55% de las emisiones totales de GEI, la economía circular puede ayudar a abordar el 45% restante que se pasa por alto, que se genera por la forma en que fabricamos y usamos productos y servicios. la forma en que producimos alimentos, según la Fundación Ellen MacArthur.

La Coalición tiene como objetivo implementar un enfoque de economía circular a través del trabajo colaborativo entre gobiernos, empresas y la sociedad en su conjunto.

"La creación de esta coalición reafirma el compromiso de la región con la implementación de la Agenda 2030, con especial énfasis en el ODS 12, Consumo y Producción Sostenibles, a través de la promoción de la innovación, la infraestructura sostenible y una economía inclusiva y circular", dijo Leo Heileman, Director Regional del PNUMA en América Latina y el Caribe.

"Reconociendo que los patrones de consumo y producción insostenibles son la causa principal de las tres crisis planetarias que enfrentamos hoy —cambio climático, contaminación y pérdida de biodiversidad—, tenemos una oportunidad única para repensar nuestra economía lineal y remodelar nuestros patrones de consumo y producción insostenibles". Heileman concluyó.

Descripción general

La idea de la Coalición de Economía Circular para América Latina y el Caribe responde al gran interés e iniciativas sobre economía circular promovidas por gobiernos, el sector privado, institutos de investigación y otros actores sociales, así como por las múltiples iniciativas de organizaciones regionales y organizaciones internacionales que brindan apoyo técnico en innovación y enfoques de economía circular.

Los principales objetivos de la Circular Economy Coalition son crear una visión y perspectiva regional común con un enfoque integrado y holístico, ser una plataforma para compartir conocimientos y herramientas, y apoyar la transición a la economía circular con un enfoque de pensamiento de ciclo de vida.

Misión
Proporcionar una plataforma regional para mejorar la cooperación interministerial, multisectorial y de múltiples partes interesadas, aumentar el conocimiento y la comprensión sobre la economía circular, brindar capacitación y asistencia técnica para el desarrollo de políticas públicas para la economía circular y el consumo y la producción sostenibles.

Visión 2030
Los países de América Latina y el Caribe han comenzado a pasar de un modelo de economía lineal a uno circular que desvincula el crecimiento económico de la degradación ambiental y el consumo de recursos, al tiempo que mejora el bienestar humano, la restauración de los ecosistemas y la prosperidad para todos para lograr la Agenda 2030.

USA: el Pacto del Plástico

U.S. Plastics Pact, liderada por The Recycling Partnership y World Wildlife Fund (WWF), se lanzó como parte de la red global Plastics Pact de la Ellen MacArthur Foundation. El U.S. Plastics Pact es una iniciativa ambiciosa para unificar a las diversas partes interesadas público-privadas en toda la cadena de valor de los plásticos para repensar la forma en que diseñamos, usamos y reutilizamos los plásticos, para crear un camino hacia una economía circular para el plástico en los Estados Unidos.

Dirigido por The Recycling Partnership y WWF, el Pacto de Plásticos de EE. UU. se lanzó como parte de la Red Global de Pactos de Plásticos de la Fundación Ellen MacArthur. El Pacto de Plásticos de EE. UU. es una iniciativa ambiciosa para reunir a diversas partes interesadas públicas y privadas en la cadena de valor de los plásticos para repensar la forma en que diseñamos, usamos y reciclamos plásticos, allanando el camino para una economía circular de plásticos en los Estados Unidos. Los líderes de la industria de EE. UU. reconocen que lograr una economía circular en los plásticos requerirá cambios importantes en todo el sistema. La acción individual no es suficiente, de ahí el Pacto Americano de Plásticos. Reunir a empresas, organismos gubernamentales, organizaciones no gubernamentales (ONG), investigadores y otras partes interesadas en una plataforma precompetitiva para la innovación impulsada por la industria.

El Pacto de plásticos de Estados Unidos fomentará la colaboración y generará un cambio sistémico significativo en la economía circular de los plásticos, lo que permitirá que las empresas y el gobierno de los EE. UU. trabajen juntos para lograr objetivos impactantes para 2025 que no podrían lograr solos. Sarah Darman, vicepresidenta de The Recycling Partnership Circular Ventures, dijo: "A través del Pacto de Plásticos de EE. UU., juntos impulsaremos un cambio sistémico para acelerar el paso a una economía circular". "Como una organización líder que involucra toda la cadena de suministro para promover el sistema de circuito de EE. UU. Por supuesto, Recycling Partnership alienta la colaboración con otros líderes de la industria para crear un cambio real y duradero para el mejoramiento de nuestro planeta. Gracias a los esfuerzos de EE. UU. para aumentar los envases, mejorar el reciclaje y reducir los desechos plásticos, el Pacto de los Plásticos beneficiará a todo el sistema y a todos los materiales. "

Basado en la visión de la Fundación Ellen McArthur para una economía circular de plásticos, el Pacto de Plásticos de EE. UU. reúne a más de 850 organizaciones bajo una definición común y objetivos específicos, reuniendo a fabricantes, marcas, minoristas, recicladores y empresas para gestionar los residuos de envases de plástico. Los formuladores de políticas y otras partes interesadas colaboran para adaptar soluciones escalables a las necesidades y desafíos únicos de los Estados Unidos a través del intercambio significativo de conocimientos y la acción coordinada. Hasta la fecha, más de 60 empresas, agencias gubernamentales y ONG se han unido al Pacto de Plásticos de EE. UU., representando cada paso de la cadena de producción y suministro de plásticos. Al unirse al Pacto de Plásticos de EE. UU., acuerdan trabajar juntos para lograr los siguientes cuatro objetivos:

1. Definir una lista de envases que se designarán como problemáticos o innecesarios para 2021 y tomar medidas para eliminarlos para 2025.

2. Para el año 2025, todos los envases de plástico serán 100% reutilizables, reciclables o compostables.

3. Para el 2025, emprender acciones ambiciosas para reciclar o compostar de manera efectiva el 50% de los envases de plástico.

4. Para 2025, el contenido medio reciclado o el contenido de origen biológico de origen responsable en los envases de plástico será del 30%.

Lograr esta visión requerirá un mayor nivel de innovación y cooperación de todos los promotores del Pacto de los Plásticos de EE. UU. en los EE.UU. y más allá. Tratado Americano Creado como parte de Plastics Pact Network de la Fundación Ellen MacArthur, se une a Plastics Pacts en Europa, América Latina y África como una respuesta global unificada a los desechos plásticos y la contaminación, reuniendo objetivos comunes, conocimientos comunes y colaboración para crear soluciones regionales y nacionales. para lograr una economía circular donde el plástico nunca se convierta en residuo.

Sanders Defreit, director de la Iniciativa de la Nueva Economía de los Plásticos de la Fundación Allen, dijo: "Este es un paso emocionante en el camino de Estados Unidos hacia una economía circular de los plásticos, eliminando el plástico del medio ambiente del medio ambiente". MacArthur. "Estos esfuerzos no solo ayudan a crear soluciones en los Estados Unidos. Pero en todo el mundo como parte de nuestra red Global Plastics Pact. Esperamos trabajar con todos los involucrados para impulsar un cambio real para eliminar los plásticos problemáticos e innecesarios, innovar para garantizar que todos los envases de plástico sean reutilizables, reciclables o compostables y verdaderamente distribuidos. Alentamos a otros a unirse a nosotros en nuestro viaje hacia una América libre de desechos plásticos y contaminación. "

Capítulo 7
Economía circular en el hogar y en la escuela

Como individuos, existen varias formas de colaborar con la economía circular y reducir el impacto ambiental de la producción y el consumo excesivo. Algunas de las medidas que podemos tomar son:

• **Reducir el consumo**: Una de las formas más efectivas de colaborar con la economía circular es reducir el consumo innecesario de productos y servicios. Esto implica elegir productos duraderos y de alta calidad, evitar el uso de productos desechables y reducir el uso de energía y agua.

• **Reutilizar y reparar:** Antes de desechar un producto que ya no funciona, es importante considerar la posibilidad de repararlo o reutilizarlo de alguna manera. Por ejemplo, se pueden reparar electrodomésticos, muebles y ropa, y utilizar envases de alimentos y bebidas para almacenar otros productos.

• **Reciclar:** El reciclaje es una de las formas más conocidas de colaborar con la economía circular. Se pueden separar los residuos según su tipo y llevarlos a los contenedores correspondientes. Además, es importante conocer los requisitos específicos del reciclaje en la región donde se vive, para evitar errores y garantizar la eficacia del proceso.

• **Comprar productos sostenibles:** Al elegir productos, se pueden buscar aquellos que sean sostenibles y respetuosos con el medio ambiente. Por ejemplo, se pueden elegir bienes fabricados con materiales reciclados, biodegradables o renovables, o productos que estén certificados como sostenibles por organismos especializados.

• **Compartir y prestar:** En lugar de comprar productos nuevos cada vez que se necesitan, se puede compartir y prestar entre amigos, familiares y vecinos. Esto puede incluir herramientas, equipos deportivos, ropa y otros productos que se usan de manera ocasional.

• **Elegir opciones de transporte sostenibles**: Se puede colaborar con la economía circular eligiendo opciones de transporte sostenibles, como caminar, ir en bicicleta o utilizar el transporte público. Además, se puede compartir el vehículo con otras personas para reducir la cantidad de emisiones de CO_2.

Colaborar con la economía circular como individuos implica tomar medidas para reducir el consumo, reutilizar y reparar productos, reciclar correctamente, comprar productos sostenibles, compartir y prestar productos y elegir opciones de transporte sostenibles. Estas medidas no solo son beneficiosas para el medio ambiente, sino que también pueden generar ahorros económicos y mejorar la calidad de vida en general.

La economía circular y los millennials

¿Cuáles son los patrones de consumo y hábitos de reciclaje de los jóvenes de 18 a 34 años? ¿Prefieren comprar muebles nuevos o encuentran su felicidad en las tiendas de segunda mano? ¿Dejan sus muebles viejos en el centro de reciclaje o apuestan por el upcycling? (El upcycling o Suprarreciclaje representa una variedad de procesos mediante los cuales los productos «antiguos» se modifican y obtienen una segunda vida a medida que se convierten en un producto «nuevo» sin pasar por un proceso industrial). No obstante, el 66% de los Millennials encuestados no ha oído hablar del upcycling, por lo que el camino recién comienza.

Preguntados específicamente, quienes desconocen esta práctica se inclinan más bien por probarla durante los próximos 12 meses, ya sea mediante la compra de productos de upcycling (para el 41% de ellos), o reciclando ellos mismos los mismos objetos y ropa para ofrecer o vender. (para el 37% de ellos).

Una fuerte sensibilidad medioambiental

El estudio realizado por Ifop revela que el 93% de los Millennials considera importante o incluso imprescindible la práctica del reciclaje.

Así, el 92% de los encuestados dice practicar la clasificación selectiva. Una cifra fuerte y llamativa que cae cuando se trata específicamente de muebles: el

30% de ellos tienen el reflejo de la selección selectiva de muebles.

Los millennials son la generación nacida entre los años 1981 y 1996, y representan un segmento importante de la población mundial. Esta generación está altamente comprometida con la sostenibilidad y la protección del medio ambiente, y se espera que tenga un impacto significativo en la economía y la sociedad en las próximas décadas.

En este contexto, los millennials son una fuerza impulsora detrás de la transición hacia una economía circular. A medida que esta generación adquiere un mayor poder adquisitivo y se convierte en una fuerza laboral más destacada, está impulsando cambios en la forma en que se diseñan, producen y consumen bienes y servicios.

Por ejemplo, los millennials están mostrando un creciente interés en el consumo responsable y la economía compartida, lo que implica compartir recursos y reducir el desperdicio. Además, están dispuestos a pagar más por productos y servicios sostenibles y éticos, lo que está impulsando a las empresas a adoptar prácticas más sostenibles y circulares.

Los millennials también están adoptando tecnologías y soluciones innovadoras que promueven la economía circular, como la impresión 3D, la inteligencia artificial y la economía colaborativa. Estas tecnologías pueden ayudar a reducir la necesidad de materias primas ya aumentar la eficiencia en la producción y el consumo.

Los millennials son una fuerza impulsora detrás de la transición hacia una economía más circular, y su compromiso con la sostenibilidad está impulsando cambios en la forma en que se diseñan, producen y consumen bienes y servicios. A medida que esta generación adquiere un mayor poder adquisitivo y se convierte en una fuerza laboral más destacada, se espera que siga liderando la transición hacia una economía más sostenible y circular.

Economía circular en las escuelas

La economía circular en las escuelas es una iniciativa educativa que busca fomentar la conciencia ambiental y la responsabilidad social de los estudiantes. Esta iniciativa se enfoca en reducir el impacto ambiental de la producción y el consumo en el ámbito escolar, promoviendo la reutilización, el reciclaje y el uso eficiente de los recursos.

Existen varias medidas que se pueden implementar para promover la economía circular en las escuelas, algunas de ellas son:

• **Implementar programas de reciclaje:** La implementación de programas de reciclaje es una de las medidas más efectivas para fomentar la economía circular en las escuelas. Se pueden colocar contenedores para separar los residuos según su tipo, y se puede enseñar a los estudiantes a identificar los materiales reciclables.

• **Fomentar la reutilización**: La reutilización de materiales y objetos es una forma efectiva de reducir el consumo y el desperdicio. Se pueden implementar iniciativas como la creación de una biblioteca de libros y materiales escolares, o la creación de un intercambio de objetos entre los estudiantes.

• **Promover la educación ambiental**: Es importante fomentar la educación ambiental en las escuelas para concientizar a los estudiantes sobre el impacto ambiental de sus acciones y decisiones. Esto puede incluir la realización de talleres, charlas y actividades relacionadas con la economía circular y la sostenibilidad.

• **Implementar prácticas sostenibles**: Se pueden implementar prácticas sostenibles en la gestión de los recursos y la energía en las escuelas. Por ejemplo, se pueden instalar sistemas de iluminación y climatización eficientes, o se pueden utilizar materiales sostenibles en la construcción y el mantenimiento de las instalaciones.

• **Integrar la economía circular en el plan de estudios**: La economía circular puede ser integrada en el plan de estudios de las escuelas para fomentar la conciencia ambiental de los estudiantes. Esto puede incluir la enseñanza de temas relacionados con la sostenibilidad, el cambio climático, la gestión de residuos, entre otros.

La economía circular en las escuelas es una iniciativa importante para fomentar la conciencia ambiental y la responsabilidad social de los estudiantes. La implementación de medidas como programas de reciclaje, la promoción de la reutilización, la educación ambiental, la implementación de prácticas sostenibles y la integración de la economía circular en el plan de estudios pueden contribuir significativamente a la promoción de la economía circular en el ámbito escolar.

######